CB069256

CELSO FAUSTINO SOTO

HIDRÁULICA INDUSTRIAL
PROJETOS E DIMENSIONAMENTO DE CIRCUITOS HIDRÁULICOS

EDICON

CIP-BRASIL. CATALOGAÇÃO NA PUBLICAÇÃO
SINDICATO NACIONAL DOS EDITORES DE LIVROS, RJ

S693h

Soto, Celso Faustino

Hidráulica industrial: projetos e dimensionamento de circuitos hidráulicos / Celso Faustino Soto ; ilustração Soraia Ljubtschenko Motta. - 1. ed. - São Paulo : EDICON, 2014.

112 p. : il. ; 23 cm.

ISBN 978-85-290-0000-0

1. Engenharia Civil. I. Motta, Soraia Ljubtschenko. II. Título.

14-11440   CDD: 624

                   CDU: 624

Contato com o autor: profcelsosoto@gmail.com

EDICON
Editora e Consultoria Ltda
rua herculano de freitas, 181
01308-020 – são paulo – sp
edicon@edicon.com.br
www.edicon.com.br
telfax: 3255-1002/3255-9822

SUMÁRIO

INTRODUÇÃO 9

Capítulo 1 PROJETO HIDRÁULICO 11
Circuito convencional 12
Circuito com cartuchos 13
Circuito com válvulas modulares 13
Circuitos misto 14

Capítulo 2 BOMBAS 15
Bombas simples de deslocamento fixo 15
Bombas duplas de deslocamento fixo 15
Bombas de deslocamento variável 16
Bombas multiplas 17

Capítulo 3 MÉTODOS DE CONTROLE DE PRESSÃO 19
Ligação de ventagem 20
Controle remoto da pressão 21
Sistema digital de pressão 22
Redução de pressão 24
Contrabalanço 25
Circuito sequencial 26

Capítulo 4 MÉTODOS DE CONTROLE DE VAZÃO 29
Reguladora de vazão não compensada 29
Reguladora de vazão compensada 29
Circuitos regenerativos 35
Acumulador de pressão 36
Circuito com travamento 38
Circuito de descompressão 39
Conclusões 40

Capítulo 5 **APLICAÇÃO EM CIRCUITOS HIDRÁULICOS** 41
Prensa de vulcanização 41
Fresadora com movimento longitudinal e transversal 42
Brochadeira - 16 toneladas 43
Prensa de repuxo com amortecimento 44
Retificadora 45

Capítulo 6 **DIMENSIONAMENTO E SELEÇÃO DOS COMPONENTES** 47
Cilindros 48
Motores hidráulicos 53
Bombas 55
Válvulas 56
Reservatório 59
Tubulação 59
Perda de carga 60
Potência e aquecimento 62
Dimensionamento de trocadores de calor (água - óleo) 65
Acumulador de pressão 68
Filtros 71

Capítulo 7 **DIMENSIONAMENTO HIDRÁULICO** 73
Formulário 73
Unidades de transformação 75
Tabela de conversão de unidades 76
Ábaco para cálculo do diâmetro interno da tubulação 83
Exemplos de aplicação 84
Sistema regenerativo 93
Resolução: retificadora de superfície 102

REFERÊNCIAS BIBLIOGRÁFICAS   **109**

*Dedico aos meus queridos netos
Lucas Soto Xenoktistaki
e Gabriel Soto Xenoktistaki*

INTRODUÇÃO

As primeiras aplicações das forças fluidas foram descobertas a 5.000 anos AC na China e Egito, outras aplicações ocorreram há 250 AC na Grécia, como por exemplo o relógio de água e dispositivos de diversão.

Já em 30 AC no Império Romando, em seu processo de expansão, aplica a água e sua transmissão em rodas de águas, canais, dutos para desenvolvimento de sua agricultura.

É somente no século XV Leonardo Da Vinci projeta algumas máquinas hidráulicas, sendo que em 1755 Joseph Branch construiu a primeira bomba hidráulica usando ainda como fluído a água. Mas as aplicações ficaram frequentes com a utilização do óleo como transmissão de potência e movimento após a 2ª Grande Guerra Mundial.

No Brasil estas aplicações foram difundidas e aplicadas com a chegada da indústria automobilística nos anos 60, com a instalação de fábricas estrangeiras e com a modernização do mercado. Na indústria este meio de acionamento e controle de movimento tem ocupado um lugar relevante nas mais diversas atividades industriais.

Suas características mecânicas, fizeram com que a hidráulica uma das mais importantes formas de acionamento de máquina.

Este livro apresenta os diversos tipos de aplicações de componentes em sistemas hidráulicos, e as suas especificações de seleção e dimensionamento para um projeto funcional e econômico.

CAPÍTULO 1

PROJETO HIDRÁULICO

Em um projeto hidráulico podemos dividir em várias fases, sendo que temos de obter os dados necessários para o perfeito funcionamento do circuito hidráulico.

Temos de ter os dados de carga ou peso que cada atuador hidráulico que irá se deslocar, as velocidades a sua sequência de movimento, os cursos dos cilindros ou torque do motor hidráulico, os tempos de aceleração e sua velocidade máxima, os diâmetros dos cilindros sua pressão de trabalho, torque, vazões necessárias ao sistema, definir os sistemas de acionamento e comando sendo manuais, automáticos, mecânicos, hidráulicos, elétricos ou até pneumáticos.

O próximo passo é construir uma tabela das sequencias de operação e de funcionamento do equipamento que esteja projetando e com os dados acima desenhar o circuito completando o diagrama. Logo após começar o dimensionamento de todos os elementos hidráulicos e fazer a seleção de aplicabilidade destes elementos. Calcular cilindros, motores hidráulicos, bombas, motor elétrico, reservatório, acoplamentos, acessórios e iniciar o dimensionamento de dutos e conexões, suas forças de carga e tipo de fluido a ser utilizado.

Outro fator importante são as condições de trabalho, tempo total de atuação e o ambiente, e dependendo da situação, optar por trocadores de calor e selecionar o torque hidráulico.

Definir o sistema elétrico e seus componentes, levar também em consideração o espaço existente para instalações hidráulicas e sua segurança de funcionamento da máquina. Finalmente fazer o projeto final com as listas de componentes, quadro de ciclo de operação, acionamento elétrico e as regulagens de pressão e vazão que serão reguladas em válvulas e acessórios e descrever seu funcionamento.

CIRCUITO CONVENCIONAL

Utiliza componentes montados por meio de rosca diretamente na tubulação ou em subplacas de montagem. As ligações entre os diversos componentes é feita por meio de tubos ou mangueiras.

Esta instalação ocupa um maior espaço, sendo geralmente usada quando é possível instalar a unidade hidráulica ao lado da máquina. (Fig.1)

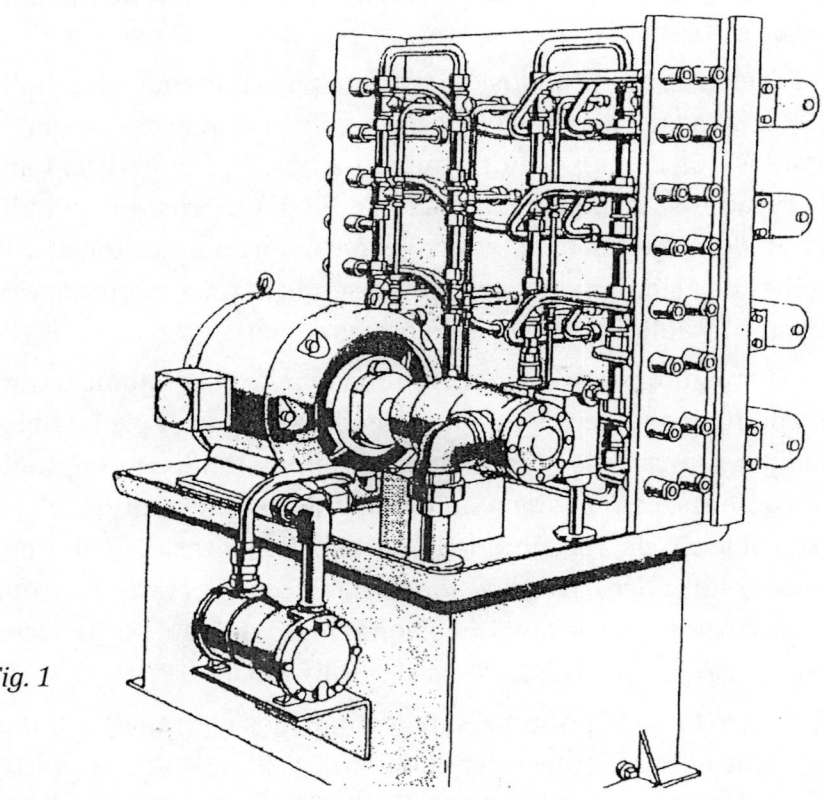

Fig. 1

CIRCUITO COM CARTUCHOS

Este tipo de instalação é bastante compacta pois os cartuchos são montados em um bloco manifold e as ligações entre eles é feita por furação no bloco. Utiliza-se este sistema em circuitos de grande vazão, instalados na estrutura da máquina.

Além das válvulas de vartuchos, podem ser montadas no bloco válvulas convencionais e válvulas de embutimento. (Fig. 2)

Fig. 2

CIRCUITO COM VÁLVULAS MODULARES

São válvulas construídas para serem montadas por empilhamento vertical.

As ligações são efetuadas por passagens no corpo da válvula que toma a instalação bastante compacta.

Muito usada em máquinas ferramentas esta montagem é ideal para circuitos de baixa vazão. (Fig. 3)

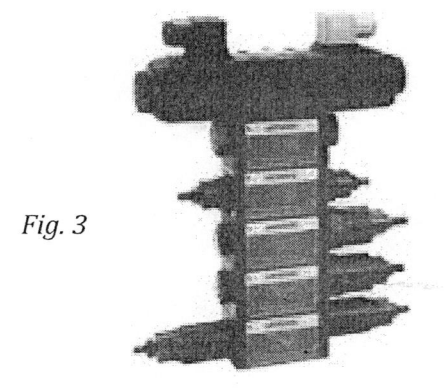

Fig. 3

CIRCUITOS MISTO

Uma quarta opção é fazer o sistema hidráulico usando a combinação das possibilidades anteriormente descritas.

Para se obter um diagrama hidráulico funcional, que atenda as necessidades da máquina, com precisão de operação e baixo consumo de energia é importante conhecer os componentes hidráulicos existentes bem como suas aplicações. A seguir são apresentadas algumas soluções empregadas com sucesso em diversos equipamentos tanto industriais como móbil.

CAPÍTULO 2

BOMBAS

A escolha do tipo de bomba a ser utilizada no circuito é determinada pela necessidade de vazão ao longo do ciclo de operação da máquina.

BOMBAS SIMPLES DE DESLOCAMENTO FIXO

São utilizadas em circuitos onde a necessidade de vazão não apresenta grandes variações ao longo do ciclo. São disponíveis em uma ampla gama de vazão, podendo ser de engrenagens, palhetas ou pistões.

BOMBAS DUPLAS DE DESLOCAMENTO FIXO

Consiste em duas bombas em um único corpo, com entrada comum e saídas independentes.

Podem alimentar um circuito que apresente consumo de vazão elevado uma parte do ciclo e baixo em outra ou para alimentar circuitos independentes de uma mesma máquina.

Sua construção compacta facilita a instalação e permite diversas combinações de vazão a fim de atender de forma adequada o consumo do equipamento.

BOMBAS DE DESLOCAMENTO VARIÁVEL

Estas bombas permitem uma variação no seu deslocamento volumétrico e consequentemente na vazão fornecida ao circuito.

Sua utilização permite adequar a vazão fornecida pela bomba à vazão consumida pelo circuito. Com isto se obtém uma considerável economia de energia e um menor aquecimento do sistema. Seu uso é recomendado em circuitos que apresentam grande variação na necessidade de vazão ao longo do ciclo.

Diversos dispositivos de controle podem ser empregados para variar o deslocamento.

- Controle manual (por alavanca ou volante)
- Controle mecânico
- Controle por servo- válvula
- Controle por compensador de pressão
- Controle por compensador com "*load sensing*"
- O método de controle mais empregado é o compensador de pressão, que altera o deslocamento de bomba quando uma pressão pré-estabelecida é alcançada.

O compensador com "load sensing", opera de maneira semelhante, porém alterando o deslocamento sempre que a diferença de pressão entre a saída da bomba e a entrada do atuador alcançar um valor pré-estabelecido.

O gráfico abaixo (fig. 1) Mostra, na área tracejada, o consumo de potência em uma condição onde a necessidade de vazão do circuito é inferior a vazão máxima fornecida pela bomba.

A - potência necessária para realizar o trabalho.

B - potência consumida com bomba fixa.

C - potência consumida com bomba variável e compensador de pressão.

D - potência consumida com bomba variável e compensador. "Load sensing".

Convém ressaltar que a potência consumida além daquela necessária para o trabalho, será dissipada sob forma de calor, elevando a temperatura do equipamento hidráulico.

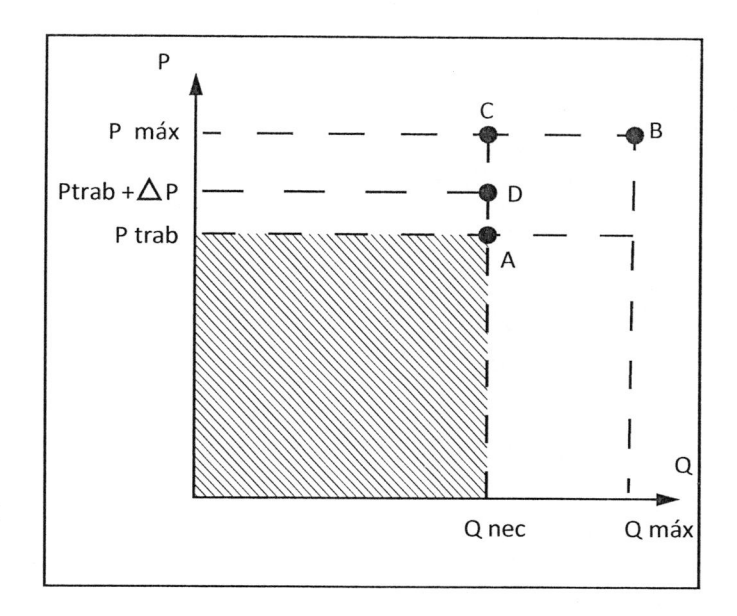

Fig. 1

BOMBAS MULTIPLAS

Possuem eixo passante e flange de montagem na tampa traseira. Com isto é possível a montagem de duas ou mais bombas em um único conjunto, simplificando a instalação e possibilitando combinar bombas fixas e variáveis de modo a melhor atender as necessidades de vazão do circuito hidráulico.

Convém ressaltar que a potência consumida além daquela necessária para o trabalho, será dissipada sob forma de calor, elevando a temperatura do equipamento hidráulico.

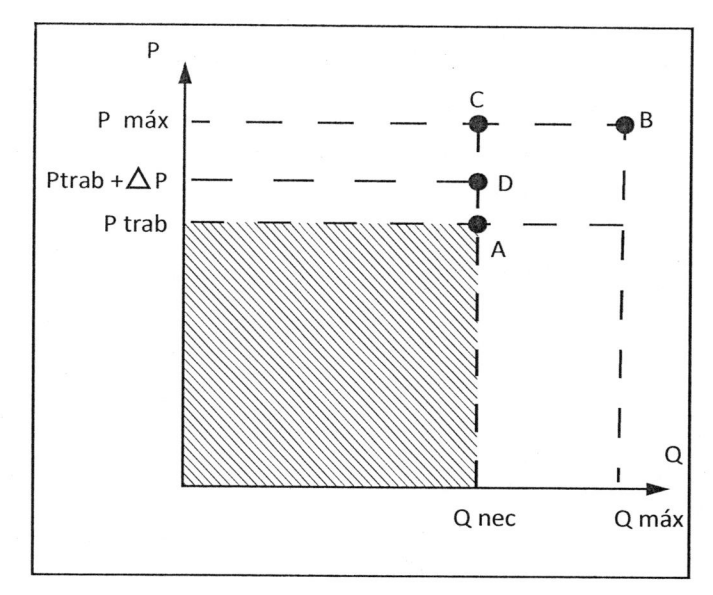

Fig. 1

BOMBAS MULTIPLAS

Possuem eixo passante e flange de montagem na tampa traseira. Com isto é possível a montagem de duas ou mais bombas em um único conjunto, simplificando a instalação e possibilitando combinar bombas fixas e variáveis de modo a melhor atender as necessidades de vazão do circuito hidráulico.

CAPÍTULO 3

MÉTODOS DE CONTROLE DE PRESSÃO

Em um sistema hidráulico, a pressão existente nos atuadores determina as forças por eles desenvolvidas. Para que se tenha um controle sobre a força, torna-se necessário controlar a pressão.

A válvula de segurança é a forma mais simples de controlar a pressão máxima desenvolvida no circuito. Ligada em paralelo com o circuito, ela desvia para o reservatório, a vazão da bomba, quando a pressão alcança o valor ajustado em sua mola. (Fig. 1)

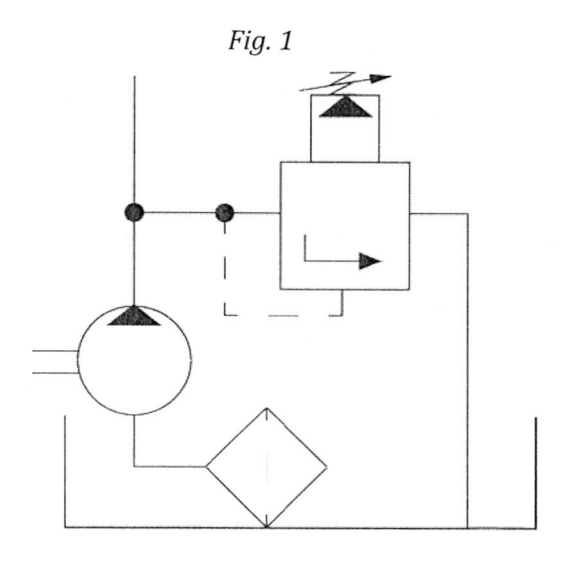

Fig. 1

LIGAÇÃO DE VENTAGEM

Nas válvulas do tipo pré-operada pode-se fazer uma ligação de "ventagem" conforme a fig 2. Como solenóide desenergizado a vazão da bomba descarrega livremente através da válvula de segurança e a pressão máxima do sistema será aproximadamente 1,5 bar.

Com o solenóide energizado a válvula de segurança somente abrirá quando a pressão alcançar o valor ajustado.

Esta ligação é usada para economizar energia e evitar o aquecimento do sistema quando o equipamento estiver parado e a bomba operando, também permite partidas e paradas do equipamento, em baixa pressão.

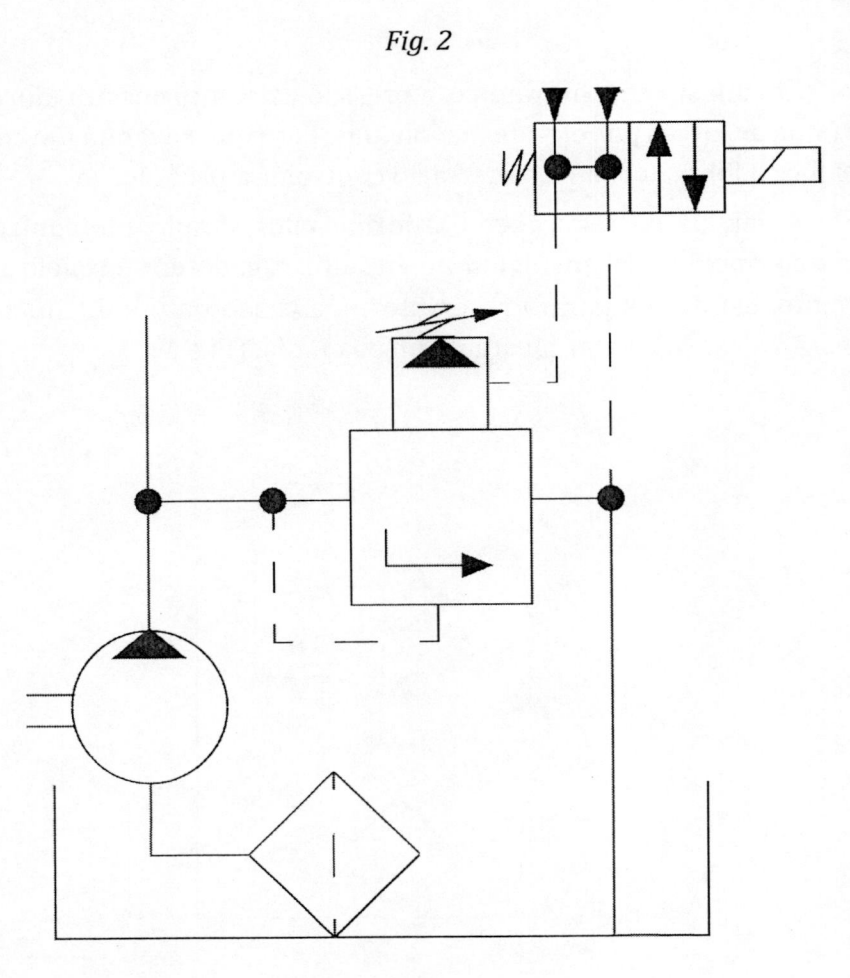

Fig. 2

CONTROLE REMOTO DA PRESSÃO

Usado em equipamentos onde é necessário constantes mudanças na pressão' máxima do circuito, consiste em ligar uma válvula de segurança de ação direta no pórtico de ventagem da válvula pré-operada. Com isto pode-se ajustar a pressão máxima do circuito, até o valor ajustado na válvula pré-operada, através da válvula de ação direta. (Fig. 3)

Ex: Ajuste da pressão de trabalho em prensas hidráulicas.

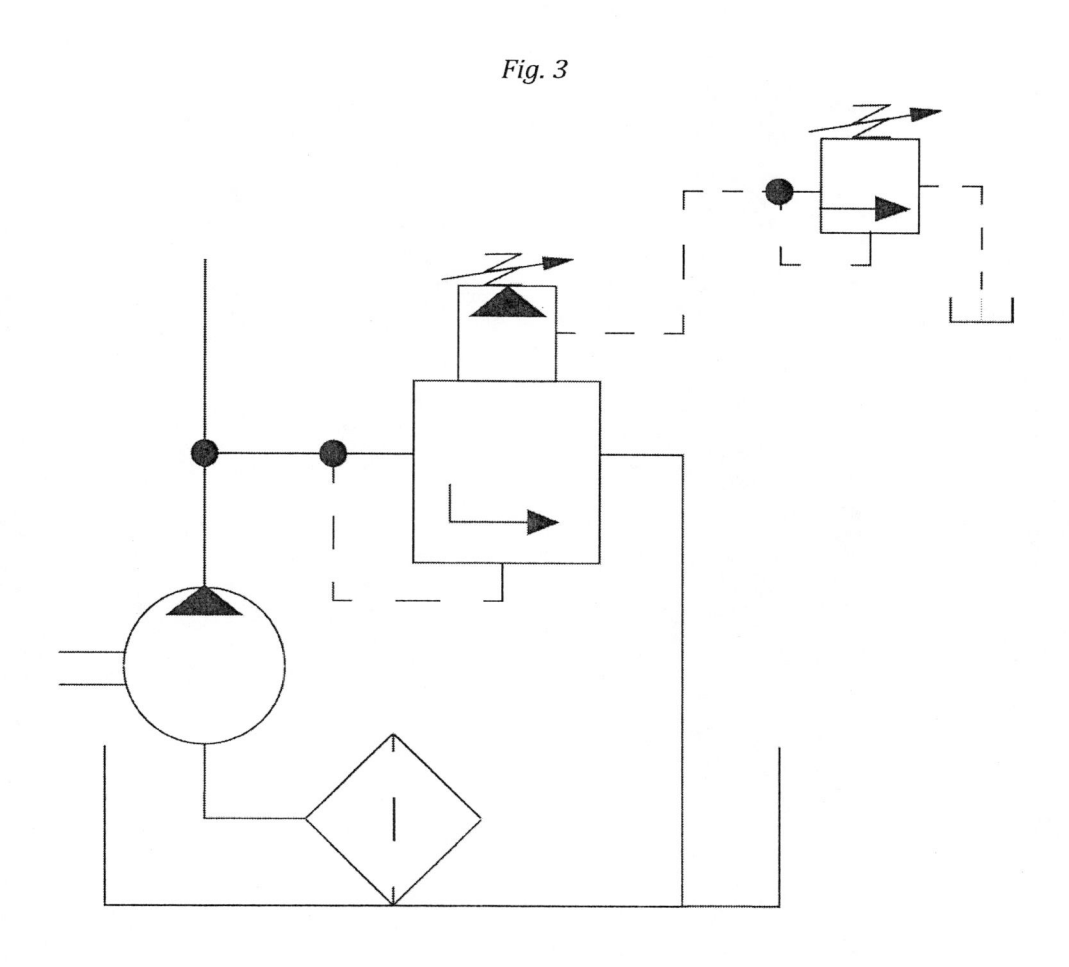

Fig. 3

SISTEMA DIGITAL DE PRESSÃO

Usado em circuitos que requerem variação na pressão máxima durante um ciclo de trabalho. Os valores de pressão são ajustados nas válvulas de alívio e selecionados, durante o ciclo, por meio das válvulas direcionais.

Energizando dois ou mais solenóides simultaneamente a pressão no circuito será a soma dos valores individuais. (Fig. 4)

Ex: Sistema de controle de pressão em injetoras de plástico.

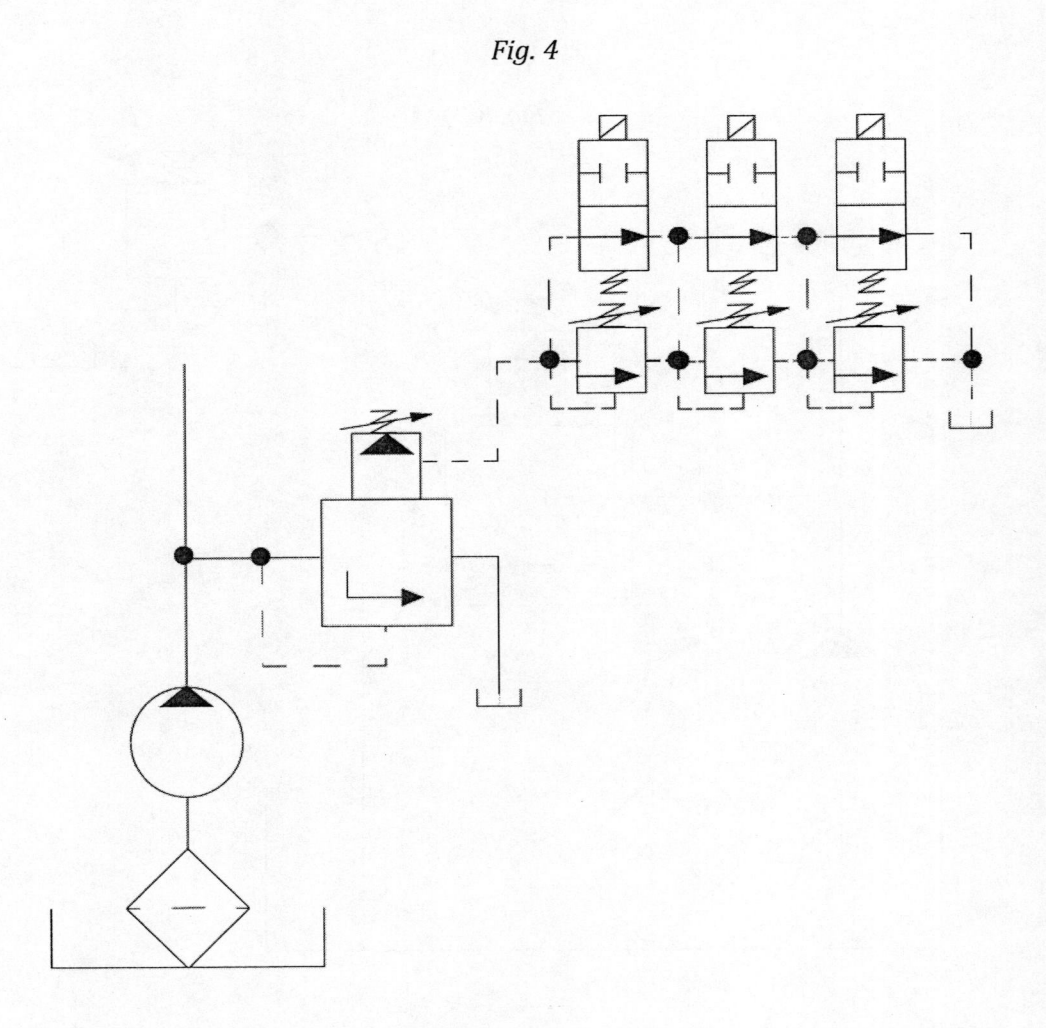

Fig. 4

Controle proporcional de pressão: utiliza uma válvula proporcional de pressão para comandar a válvula de segurança através da ligação de ventagem.

Nesta ligação a pressão máxima é determinada por meio de um controle eletrônico possibilitando ampla faixa de valores ajustáveis, mudanças suaves na pressão, máquinas programáveis, bem como elevada precisão de operação. (Fig. 5)

Ex: Máquinas Ferramentas, Injetoras de Plásticos, etc.

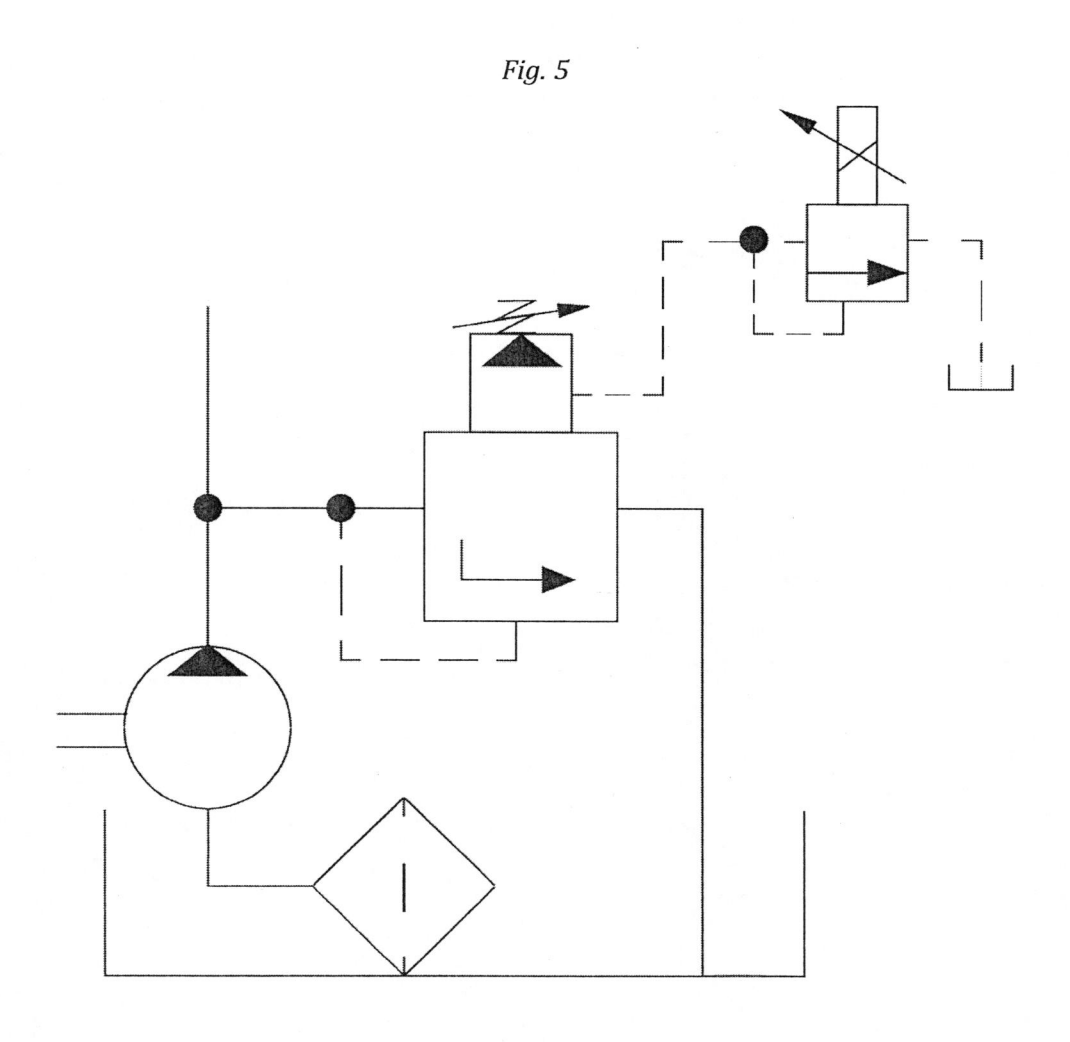

Fig. 5

REDUÇÃO DE PRESSÃO

Os sistemas anteriormente descritos permitem obter vários valores de pressão, porém de forma alternada. Quando o equipamento requer pressões diferentes simultaneamente toma-se necessário o uso de válvulas redutoras de pressão.

Esta válvula limita a pressão máxima, na sua saída, ao valor nela ajustando, permitindo operar em uma parte do circuito com uma pressão menor que no restante.

Quando a válvula está operando, há um fluxo constante para tanque através da linha de dreno, portanto não pode ser instalada em linhas onde o óleo permanece bloqueado. Também deve ser evitado o uso de muitas redutoras de pressão no mesmo circuito, pois acarreta uma perda de vazão, neste caso é preferível usar circuitos independentes. (Fig. 6)

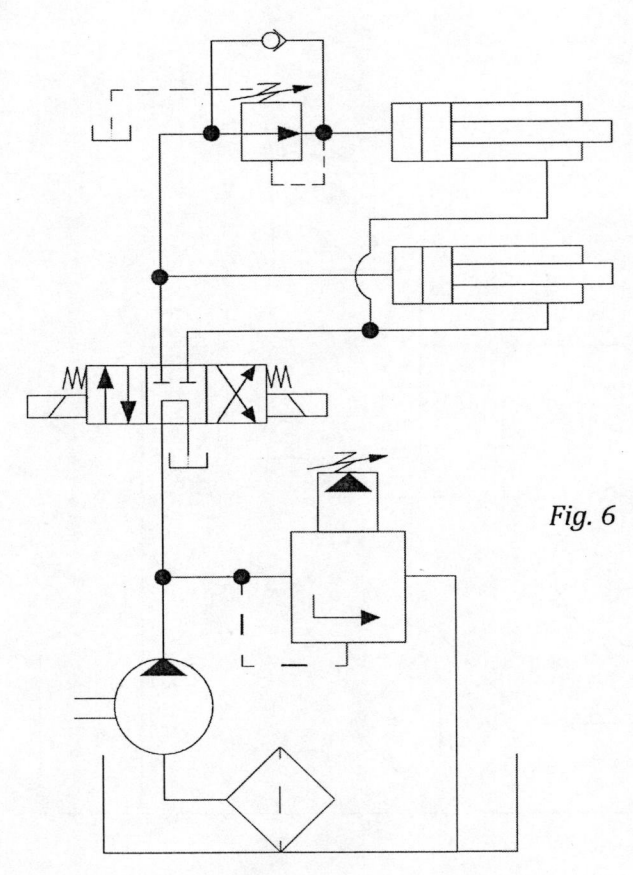

Fig. 6

CONTRABALANÇO

Nas operações onde a carga exerce força na mesma direção do movimento pode ocorrer um movimento irregular do atuador. Para evitar este problema uma contrapressão é criado na linha de saída do atuador de modo a gerar uma força contrária a da carga, anulando seus efeitos.

A contra pressão pode ser gerada por válvula de contrabalanço ou de retenção simples. (Fig. 7)

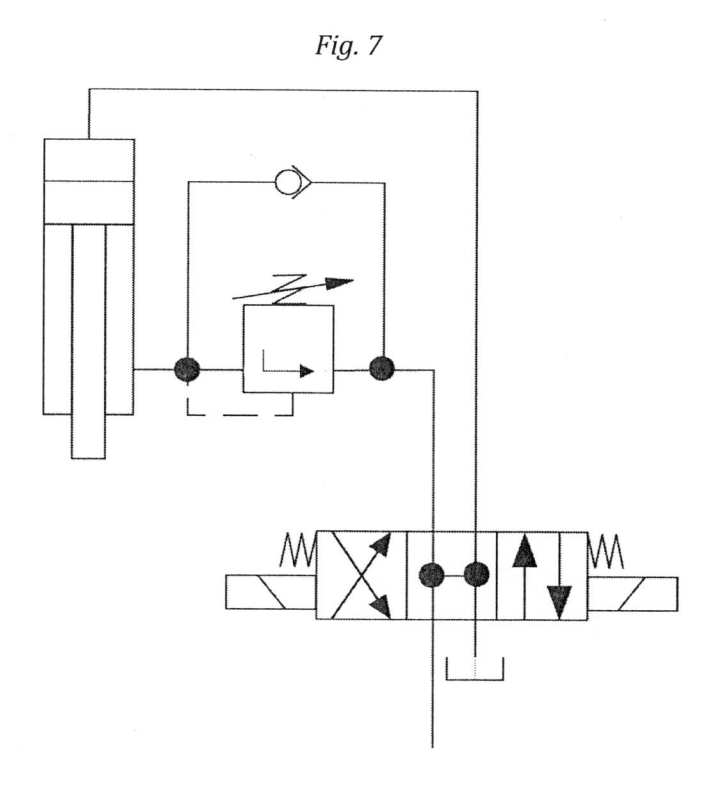

Fig. 7

É importante salientar que algumas válvulas de contrabalanço são do tipo carretel deslizante, possuindo vazamento interno. Portanto não deve ser usada para sustentação de cargas verticais por longo tempo com o equipamento parado.

Quando a carga atua uma parte do curso a favor do movimento e em outra contra, ao invés de contrabalanço utiliza-se uma válvula de frenagem. (Fig. 8)

Fig. 8

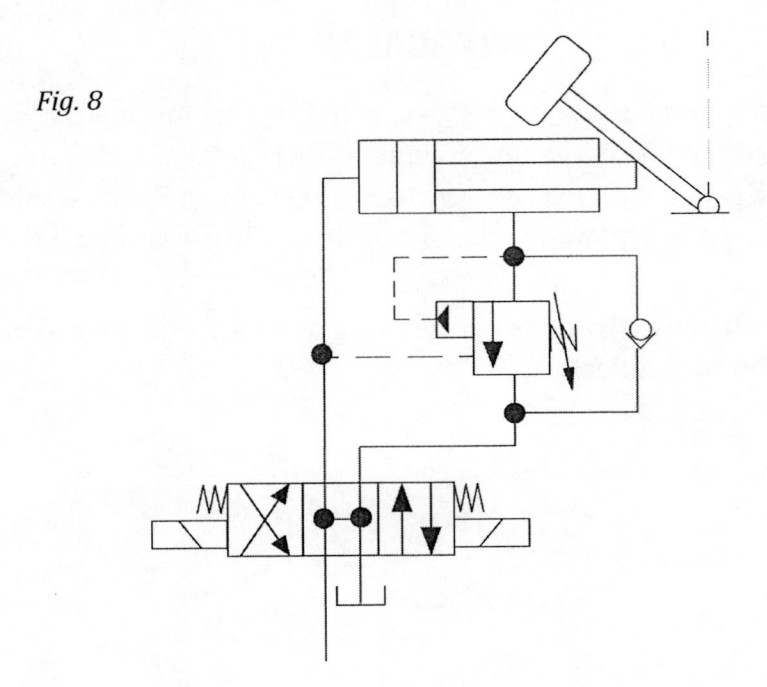

CIRCUITO SEQUENCIAL

É bastante comum circuitos hidráulicos onde é necessário definir uma ordem de movimentos aos atuadores. Isto pode ser obtido de duas formas:

Utilizando-se válvulas de sequência que bloqueiam a passagem de óleo a um dos atuadores até que a pressão alcance o valor nela ajustado. Tem como vantagem o fato de manter o primeiro atuador sob pressão mesmo que o segundo não possua carga.

Porém pode ocorrer o movimento do segundo atuador antes do primeiro chegar ao fim do curso, em função de excesso de carga ou travamento do primeiro. O valor de regulagem da válvula de sequência é maior que o necessário para movimentar o primeiro atuador e menor que o da válvula de segurança. Isto dificulta a utilização de quantidade grande de válvulas em um mesmo circuito.

Outra forma de se estabelecer ordem de movimento a atuadores é por meio de válvulas direcionais de acionamento elétrico e interruptores de fim de curso.

Atualmente esta é a forma mais utilizada, pois impede o acionamento antes que o primeiro complete seu curso, independente da carga. Entretanto é importante lembrar, que a pressão no primeiro atuador não se mantém se o segundo estiver sem carga.

Em operação de fixação de peças, pode-se incluir um pressostato que impeça o acionamento da válvula direcional antes que a pressão alcance o valor necessário para fixação. (Fig. 9)

Fig. 9

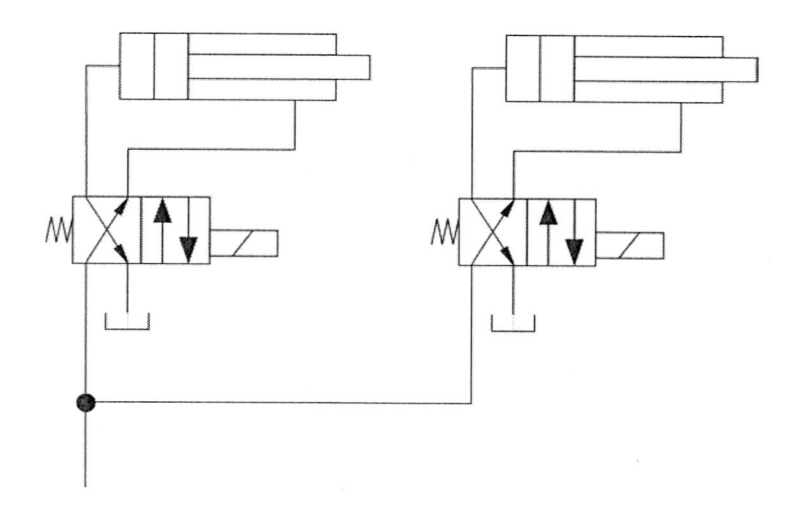

MOVIMENTO	S1	S2
AVANÇO A	+	-
AVANÇO B	+	+
RECUO A	+	-
RECUO B	-	-

CAPÍTULO 4

MÉTODOS DE CONTROLE DE VAZÃO

A velocidade desenvolvida por um atuador hidráulico depende diretamente da vazão que ele recebe. Quando a operação exige variação de velocidade toma-se necessário incluir no circuito válvulas reguladoras de vazão para obter este controle.

As válvulas reguladoras de vazão podem ser de dois tipos:

REGULADORA DE VAZÃO NÃO COMPENSADA

É uma válvula de construção simples e baixo custo usado em circuitos que não requerem elevada precisão na velocidade, a vazão controlada por esta válvula esta sujeita a sofrer variações em função de mudanças no diferencial de pressão entre a sua entrada e a saída.

REGULADORA DE VAZÃO COMPENSADA

Estas válvulas possuem um hidróstato (compensador de pressão), que mantém constante o diferencial de pressão entre a entrada e a saída do estrangulador, independente das variações de pressão no circuito.

Com isto a vazão da válvula será constante e a velocidade do atuador precisa. A seleção de um ou outro tipo de reguladora de vazão depende da exigência do circuito em termos de precisão na velocidade.

A válvula reguladora de vazão pode ser instalada antes da válvula direcional para controlar os dois sentidos do atuador ou após a válvula direcional, para controlar a velocidade em um único sentido de movimento. Além disso, o controle pode ser efetuado de três formas:

Controle na Entrada

A válvula é instalada de modo a regular a vazão que entra no atuador. Esta colocação é bastante precisa, sendo recomendada em aplicações onde a carga resiste ao movimento do atuador.

Neste caso o excesso de vazão fornecida pela bomba será desviado ao reservatório através da válvula de segurança, levando o sistema a consumir uma potência maior que a necessária para realizar o trabalho. (Fig. 1)

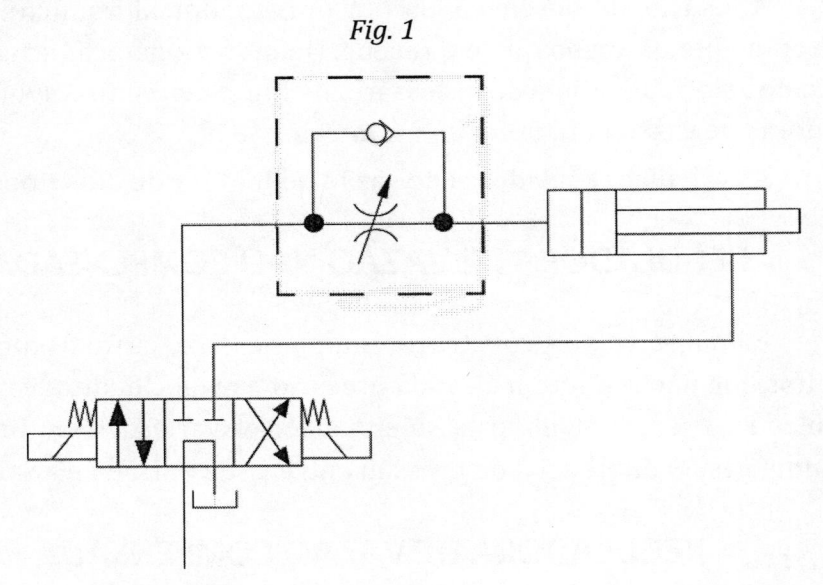

Fig. 1

Controle na Saída

Também bastante preciso, consiste em regular a vazão que está saindo do atuador para o reservatório. Em situações onde a carga exerce força no mesmo sentido do movimento esta colocação deve ser usada.

A restrição na saída do atuador gera uma pressão no interior deste muitas vezes prejudicial. No caso de cilindros em função da diferença de área entre a coroa e o pistão a pressão na camarada haste poderá ser bem superior à pressão de operação causando danos ao cilindro. Também é necessário cuidado quando se trata de motor hidráulico, pois muitos modelos não suportam pressurização simultânea dos pórticos de entrada e saída.

Da mesma forma que no controle na entrada o excesso de vazão fornecido pela bomba é descarregada através da válvula de segurança, aumentando a potência consumida. (Fig. 2)

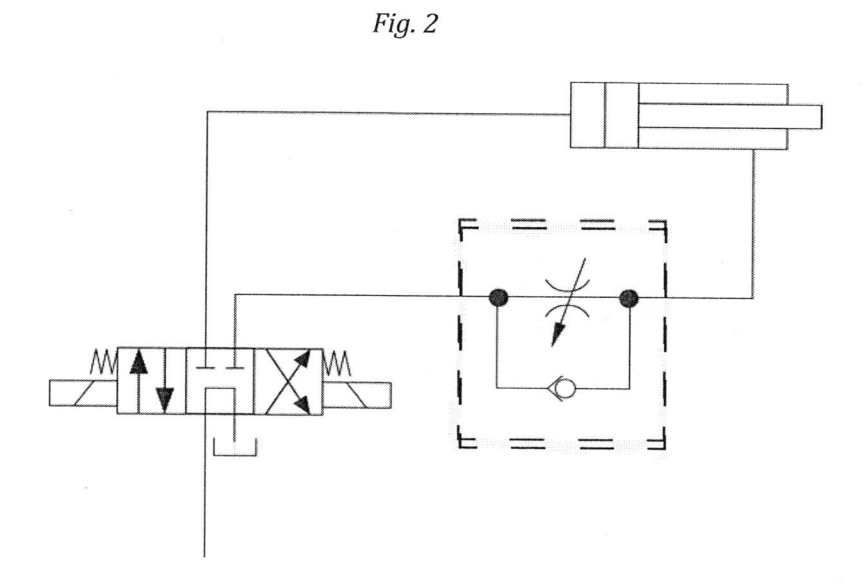

Fig. 2

Controle em Desvio

Consiste em desviar uma parte da vazão fornecida pela bomba, ao reservatório. Não é muito utilizado por não apresentar boa precisão visto que a vazão controlada é desviada ao reservatório sendo enviado para o atuador somente o excesso.

Contudo, em circuitos que não exigem grande precisão na velocidade, é uma boa opção por economizar potência já que a válvula de segurança permanece fechada durante toda à operação.

É importante ressaltar que esta colocação somente pode ser usada em circuitos onde a carga resiste ao movimento do atuador. (Fig. 3)

Fig. 3

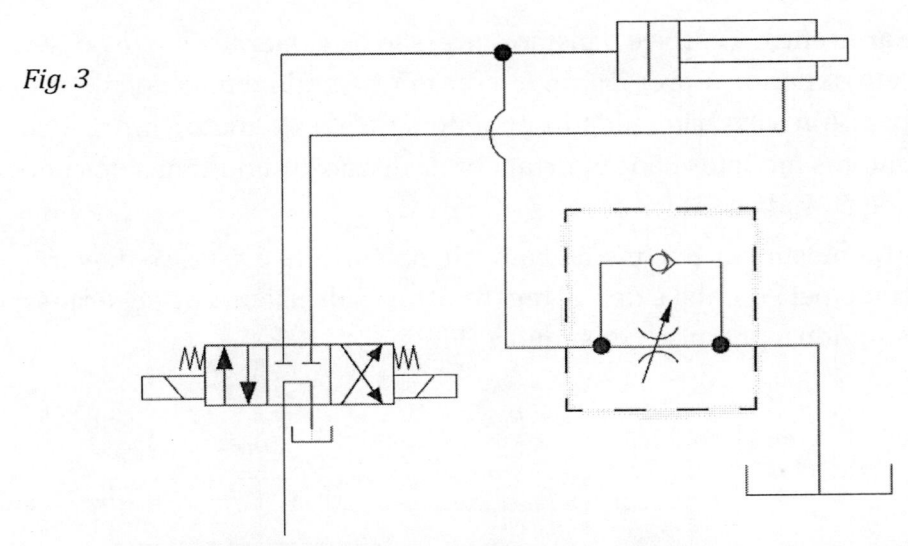

Circuito Rápido e Lento: Consiste em fazer a aproximação rápida e a operação com velocidades controlada. Muito utilizado, este circuito tem por objetivo reduzir tempos improdutivos em máquinas operatrizes. Utiliza normalmente uma válvula reguladora de vazão em paralelo com uma válvula direcional de acionamento elétrico ou mecânico. No movimento rápido o óleo flui através da válvula direcional, quando esta é acionada o fluxo é dirigido para válvula reguladora de vazão, obtendo se a velocidade controlada. (Fig. 4)

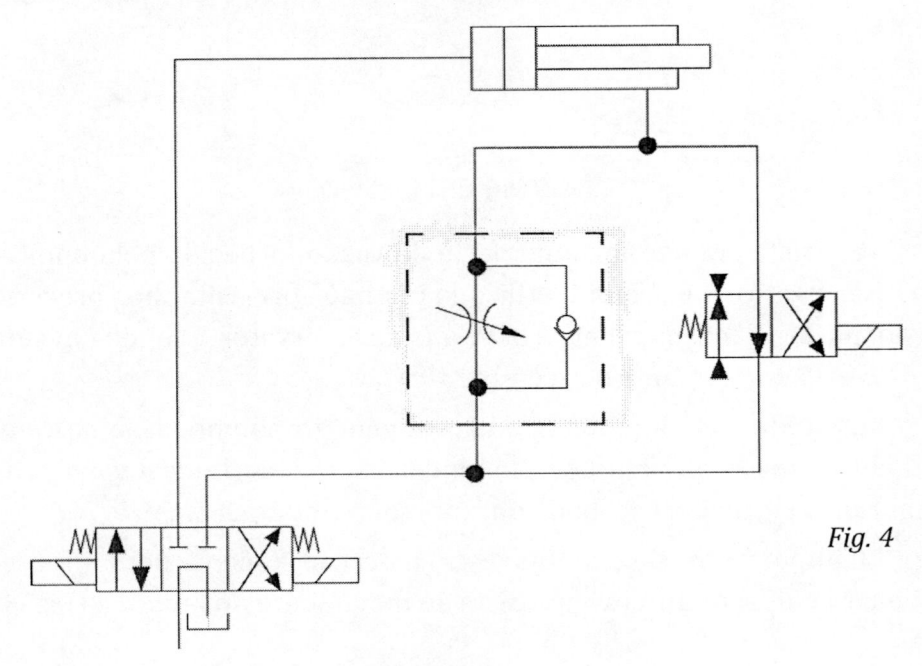

Fig. 4

Para obter-se maior estabilidade do movimento é recomendável que este seja feito na entrada, caso a carga seja negativa, deve ser compensada por meio de uma contrapressão.

Se houver três ou mais velocidades no movimento, basta acrescentar outras válvulas em paralelo.

Controle Proporcional de Vazão

Esta é um boa opção para controlar a velocidade de um ou mais atuadores quando vários valores são necessários durante o ciclo.

O controle eletrônico da válvula proporcional de vazão permite variar o ajuste de forma precisa durante a operação. A existência das "rampas" faz com que a mudança de velocidade ocorra de maneira suave com aceleração e desaceleração, evitando choques indesejáveis ao sistema. (Fig. 5)

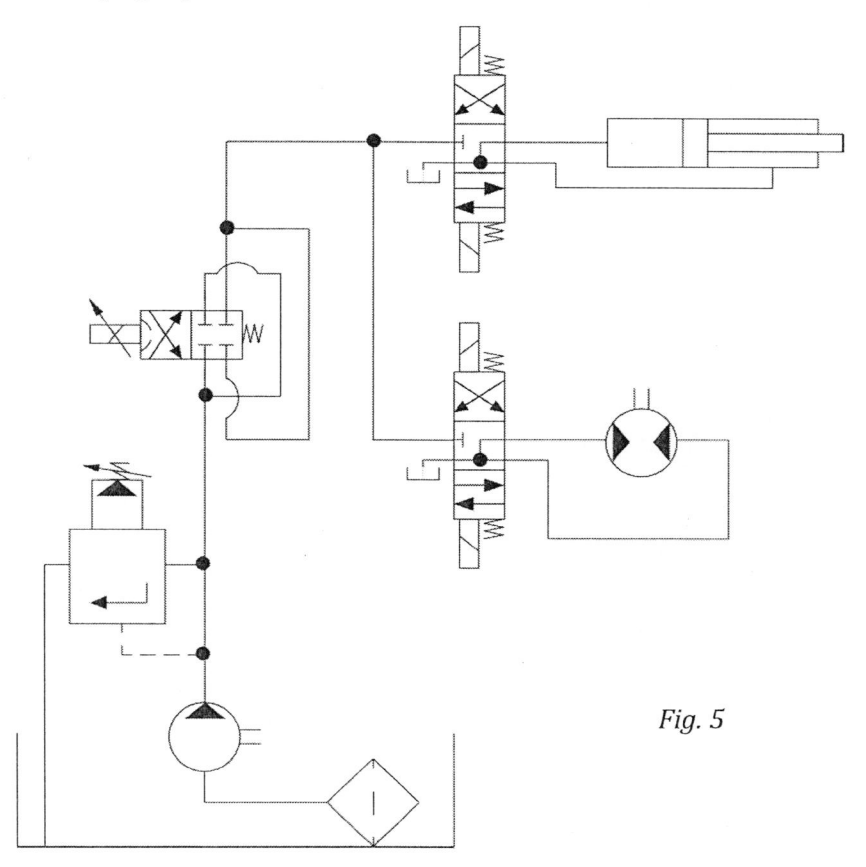

Fig. 5

É importante ressaltar que as válvulas proporcionais de vazão não possuem compensador de pressão, estando, portanto sujeitas a variações na velocidade controlada em função de variações na pressão de trabalho. Um Hidróstato pode ser acrescentado ao circuito quando se deseja eliminar este problema.

Uma válvula de segurança pode funcionar como um hidróstato durante o movimento, para tanto deve ser ligada conforme a figura. (Fig. 6)

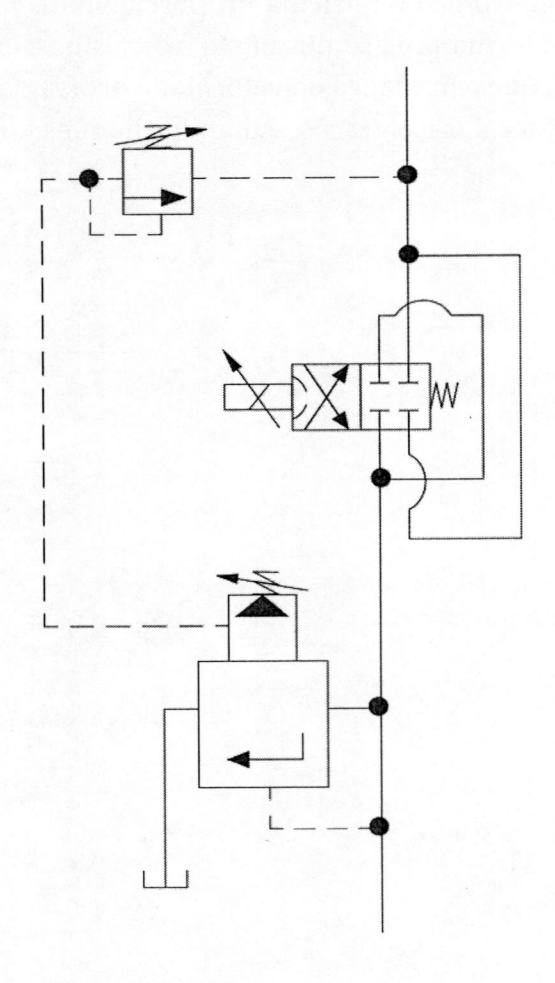

A pressão de abertura da válvula de segurança será igual à pressão existente após a proporcional de vazão mais o valor da válvula de alívio, até o máximo ajustado na segurança. Com isto o diferencial de pressão entre a entrada e a saída da válvula proporcional de vazão será sempre igual ao valor ajustado na válvula de alívio.

CIRCUITOS REGENERATIVOS

Este tipo de circuito permite obter um aumento na velocidade de avanço de um cilindro de dupla ação e haste simples sem aumentar a vazão da bomba.

Através de uma ligação com linha de pressão, a vazão que deixa a câmara do lado da haste é somada a vazão fornecida pela bomba, aumentando a velocidade do cilindro. (Fig. 7)

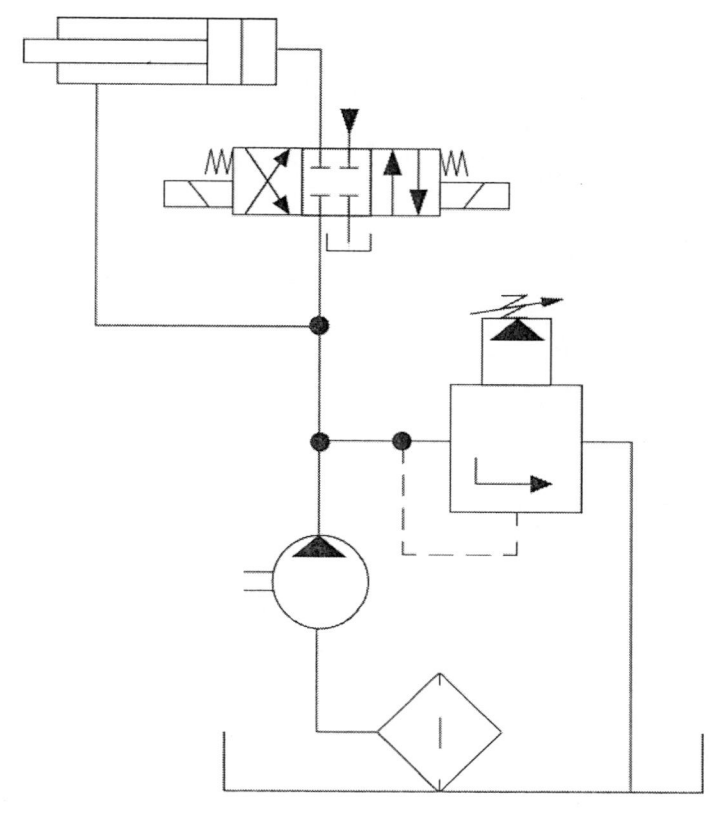

Fig. 7

Durante o avanço ambas as câmaras do cilindro ficam pressurizadas, mas devido a diferença de área entre a coroa e o pistão, a força produzida no sentido de avanço é maior que a produzida em sentido contrário, possibilitando o movimento. Contudo a força disponível para trabalho será menor que na ligação normal.

Em algumas aplicações podemos fazer a ligação regenerativa durante a aproximação que não requer força, obtendo uma maior velocidade e por meio de uma válvula direcional mudar a ligação para normal a fim de obter força máxima durante a operação. (Fig. 8)

MOVIMENTO	S1	S2	S3
AV. REGENERATIVO	+	+	-
AV. NORMAL	+	-	+
RETORNO	-	+	-

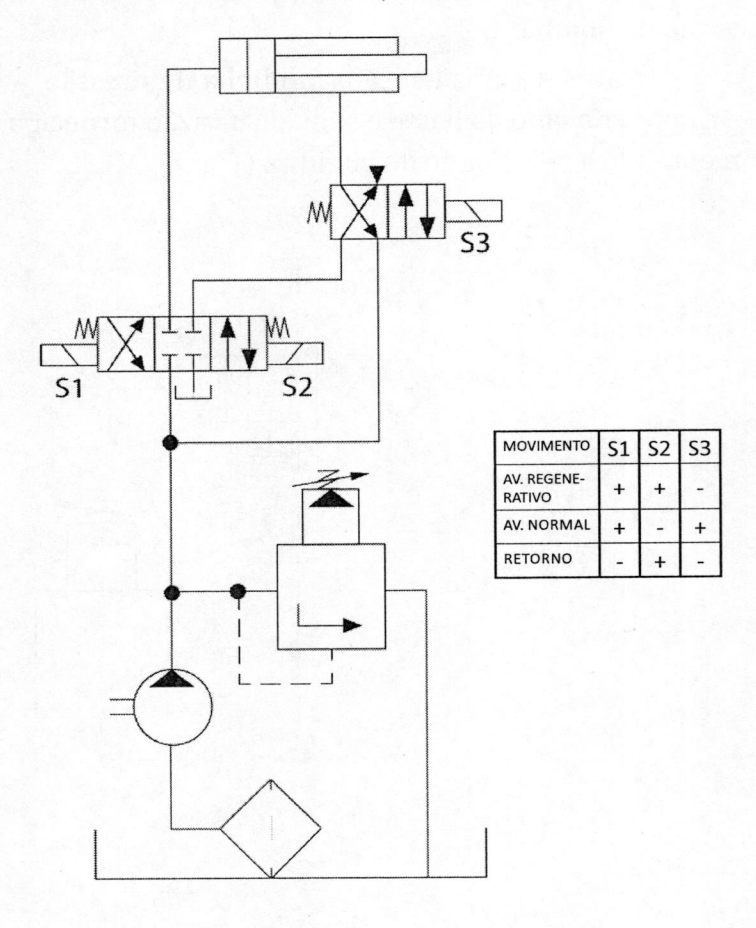

Fig. 8

ACUMULADOR DE PRESSÃO

Um acumulador hidráulico de pressão serve principalmente para armazenar e conservar a energia potencial de um fluido sob pressão. A utilização de um acumulador hidráulico num sistema é recomendado nos casos:

Como Fonte de Energia

Nos sistemas que requerem, durante curtos intervalos, grande demanda de fluídos sob pressão, permanecendo em seguida longo intervalo sem necessidade de fluído.

Durante esses intervalos longos que o sistema permanece sem necessidade de energia, uma bomba hidráulica de pequena capacidade de deslocamento volumétrico reabastece o acumulador hidráulico. Consequente a potência instalada é consideravelmente pequena.

Como Compensadores de Vazamentos

Quando um sistema hidráulico permanece durante longo período sob pressão, os vazamentos internos e externos dos elementos hidráulicos são compensados com o fluído armazenado sob no acumulador. Com isso não há necessidade da bomba hidráulica ser operada frequentemente.

Como Compensador de Volume

Num circuito fechado, a diferença de volume de fluído existente entre o lado da haste e o lado do êmbolo de um cilindro pode ser compensado pelo volume de fluído sob pressão do acumulador.

Como Fonte de Energia de Emergência

O fluído sob pressão existente no acumulador hidráulico poderá ser utilizado para atuar num cilindro ou motor hidráulico, em casos de interrupção de energia externa para acionamento da bomba hidráulica.

Como Amortecedores de Pulsação e Choques

As pulsações de pressão e os choques existentes num sistema hidráulico são causas principais de rompimento de tubulações, conexões, e danificações dos demais componentes hidráulicos do sistema.

Um acumulador instalado próximo as fontes de pulsações e choques absorverá essas pulsações e choques.

Como Estabilizador das Pulsações das Bombas

Nos sistemas hidráulicos onde as pulsações provocadas pelo deslocamento volumétrico de fluído da bomba, causam irregularidades nos movimentos de um cilindro ou motor, o uso de um pequeno acumulador observe essas pulsações. Geralmente, os sistemas hidráulicos de máquinas operatrizes de precisão requerem o uso de acumulador, para estabilizar perfeitamente os movimentos dos cilindros ou motores hidráulicos.

Como Compensadores de Expansão Térmica

Quando um circuito fechado estiver sujeito a variações de temperatura, a expansão ou contração do volume do fluido pode causar danos nos componentes do sistema hidráulico. O uso de um acumulador absorve essas flutuações e mantém a pressão do circuito dentro dos limites de segurança.

CIRCUITO COM TRAVAMENTO

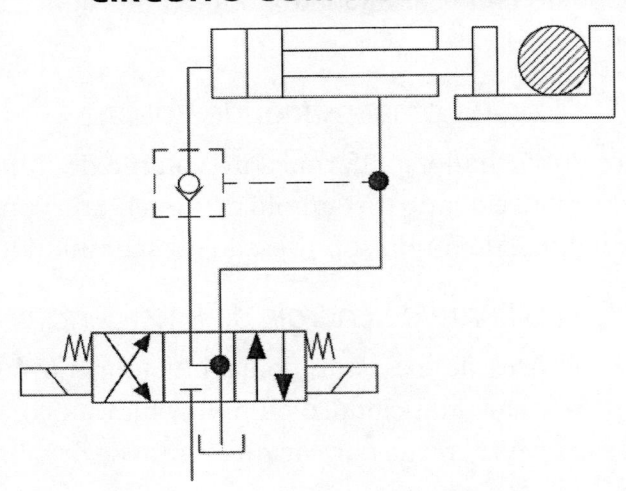

Fig. 9

As válvulas direcionais do tipo carretel deslizante apresentam um pequeno vazamento interno, não sendo, portanto, adequadas para operações de travamento.

Em aplicações onde é necessário impedir o movimento do atuador por ação de uma força externa, quando o equipamento estiver parado, utiliza-se válvulas de retenção pilotada pois as mesmas possuem vedação por meio de um pistão cônico forçado contra uma sede não apresentando vazamentos. (Fig.9)

A válvula de retenção pilotada é adequada para sustentação de cargas quando o equipamento está parado. Durante o movimento, com carga negativa, pode ocorrer movimento descontrolado em função de oscilações na pressão de pilotagem.

Para que ocorra um perfeito fechamento da válvula de retenção pilotada, as linhas de piloto e de entrada devem estar livres de pressão. Isto é conseguido usando-se válvula direcional que permita a ligação de "A" e "B" para tanque quando centralizada.

Se houver a necessidade de manter o atuador pressurizado por longo tempo será necessário a inclusão de um acumulador de pressão para compensar eventuais vazamentos.

CIRCUITO DE DESCOMPRESSÃO

Normalmente o óleo hidráulico é considerado como sendo um fluído incompressível, contudo ele apresenta uma pequena compressibilidade quando submetido à pressão.

Na maioria das aplicações esta variação de volume não afeta a operação, entretanto se o volume de óleo no circuito for grande e a pressão de trabalho elevada, pode ocorrer choque por descompressão quando o movimento do atuador for revertido.

Como regra prática pode considerar que o óleo sofre uma compressão no seu volume de 0,5% para cada 70 bar de variação na pressão.

Também de forma prática quando a variação no volume for superior a 160cm^3, torna-se necessária uma descompressão antes de reverter o movimento do atuador, a fim de evitar choques no circuito.

Fazer a descompressão consiste em abrir uma passagem reduzida durante certo tempo a fim de despressurizar o cilindro antes de se fazer a reversão do movimento. (Fig. 10)

Fig. 10

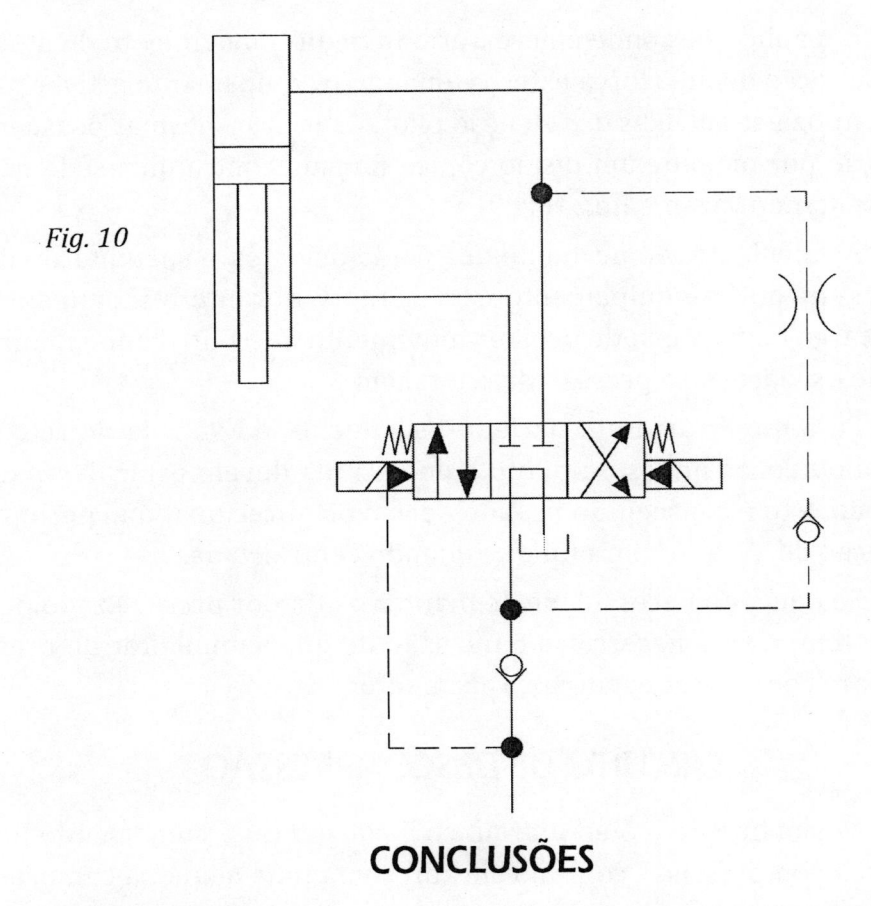

CONCLUSÕES

Com as possibilidades discutidas até aqui o projetista hidráulico possui subsídios para desenhar o diagrama de forma adequada à operação da máquina.

Convém salientar que cada equipamento é um caso individual que deve ser analisado, e a solução encontrada em termos de circuito hidráulico, será adequada para ele.

Lembramos ainda que para atender as necessidades de movimento de um determinado equipamento, existem várias possibilidades de circuito. Cabe ao projetista analisar as opções e escolher a mais adequada, levando em conta, custo de instalação, desempenho obtido, segurança na operação, e simplicidade de comando.

A seguir mostramos alguns exemplos de circuitos de máquinas, que fornecem uma boa visão da aplicação das soluções discutidas.

CAPÍTULO 5

APLICAÇÃO EM CIRCUITOS HIDRÁULICOS

PRENSA DE VULCANIZAÇÃO

A característica principal deste circuito é a necessidade do cilindro permanecer avançado e sob pressão por longo tempo. A solução empregada foi usar uma válvula de retenção simples para efetuar o travamento e um acumulador de pressão para manter o sistema pressurizado, permitindo desligar a bomba durante a vulcanização. (Fig. 1)

Fig. 1

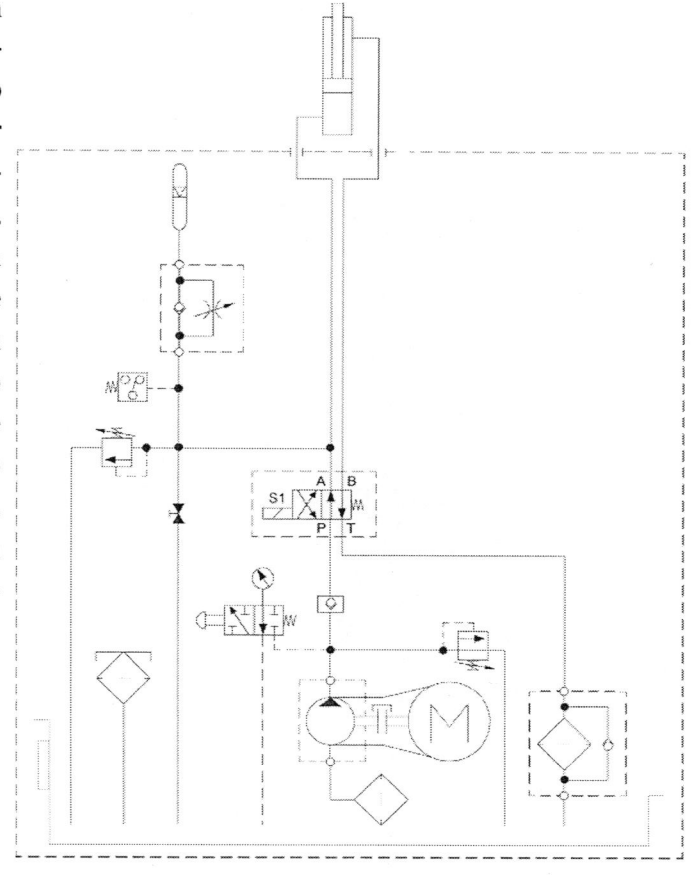

FRESADORA COM MOVIMENTO LONGITUDINAL E TRANSVERSAL

Este circuito utiliza válvulas modulares que permitem uma instalação compacta. Possui movimento de aproximação rápida e operação com velocidade controlada. (Fig. 2)

O controle de velocidade é feito na entrada e a válvula de contrabalanço elimina os efeitos de eventuais cargas negativas, uso de bomba de deslocamento variável economiza potência durante o movimento com velocidade controlada.

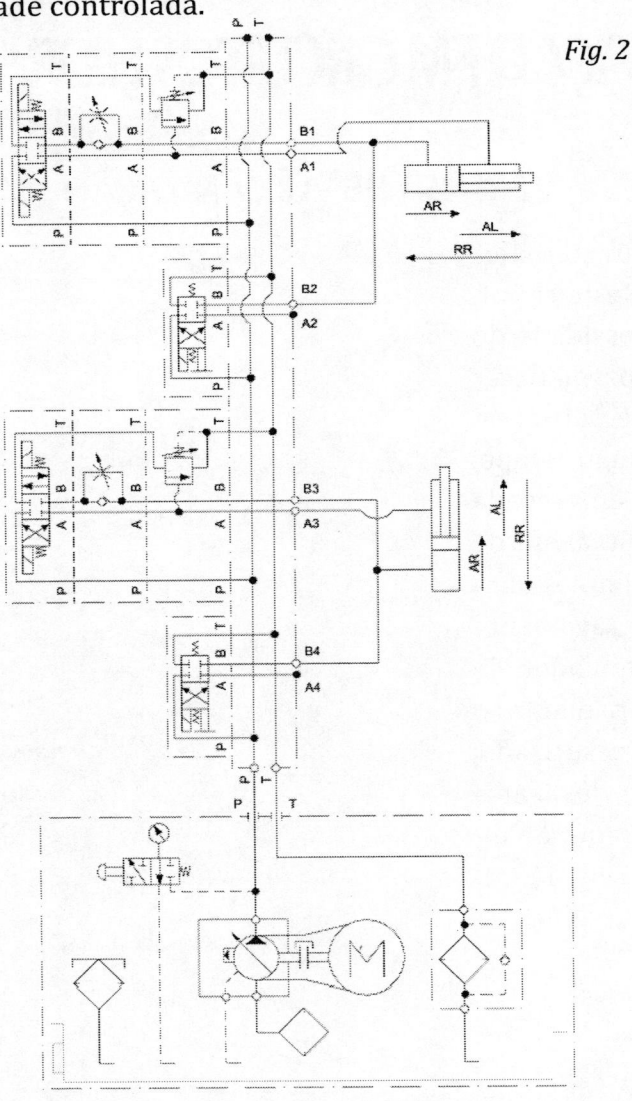

Fig. 2

BROCHADEIRA - 16 TONELADAS

Neste circuito optou-se pelo uso de bomba de deslocamento variável operada por compensador "load sensing" para acionamento dos cilindros de operação. Com isto obtém-se uma considerável economia de potência e menor aquecimento do sistema.

O cilindro auxiliar é acionado de forma independente por meio de bomba fixa e válvulas modulares. (Fig. 3)

Fig. 3

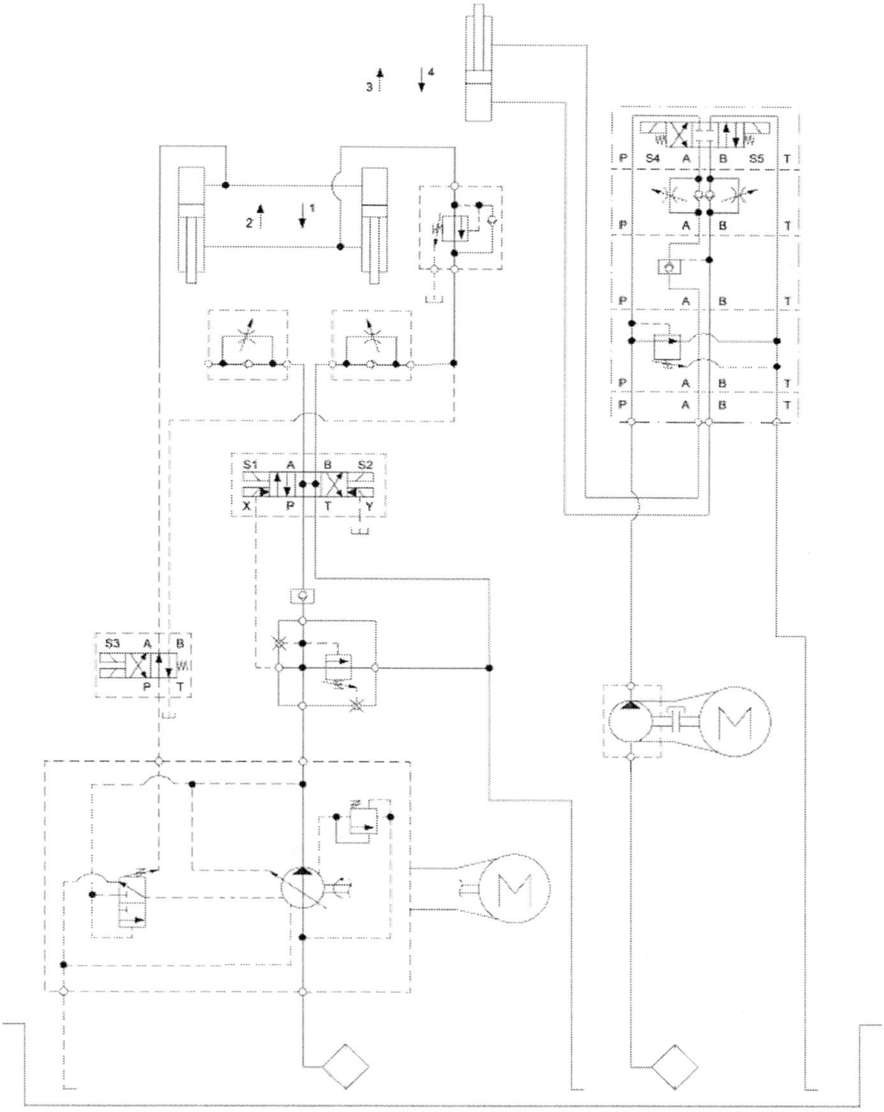

PRENSA DE REPUXO COM AMORTECIMENTO

Neste circuito o movimento de descida da ferramenta é feito em "queda livre" interrompida próxima da peça por meio de válvula de frenagem. Com isto obtém aproximação rápida sem necessitar de bomba de elevada vazão.

O controle remoto aplicado as válvulas de segurança permite ajuste da pressão de prensagem e de amortecimento à distância.

O sistema apresenta também descompressão automática no final da prensagem a fim de evitar choques no equipamento. (Fig. 4)

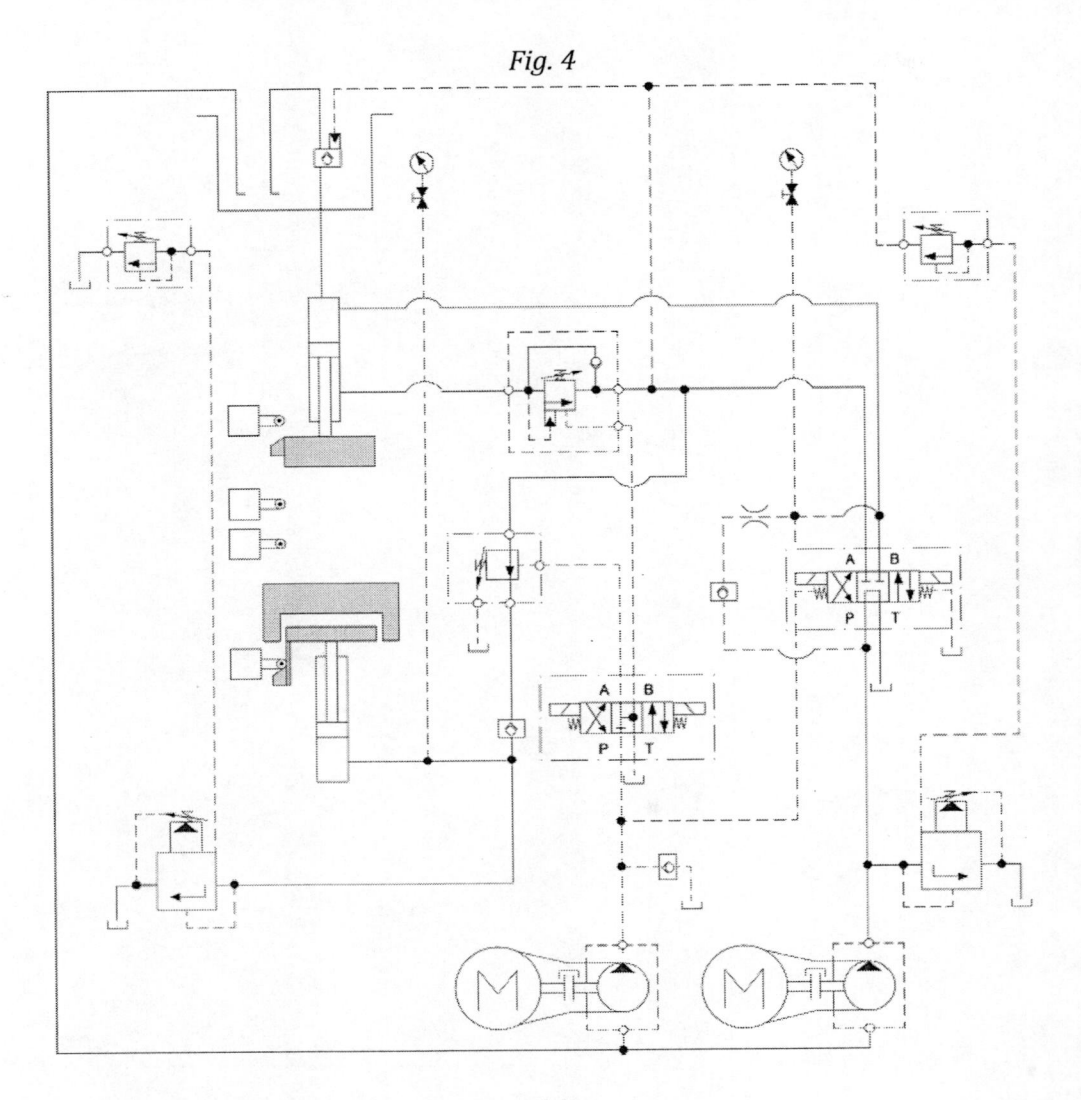

Fig. 4

RETIFICADORA

Para comandar o movimento da mesa, controlando a velocidade de avanço e de retorno e também a aceleração e desaceleração nos finais de curso, foi utilizada uma válvula direcional proporcional com hidróstato, permitindo obter velocidades uniformes e reversões suaves.

Um acumulador de pressão instalado no sistema absorve eventuais choques devido ao movimento dos cilindros auxiliares. (Fig. 5)

Fig. 5

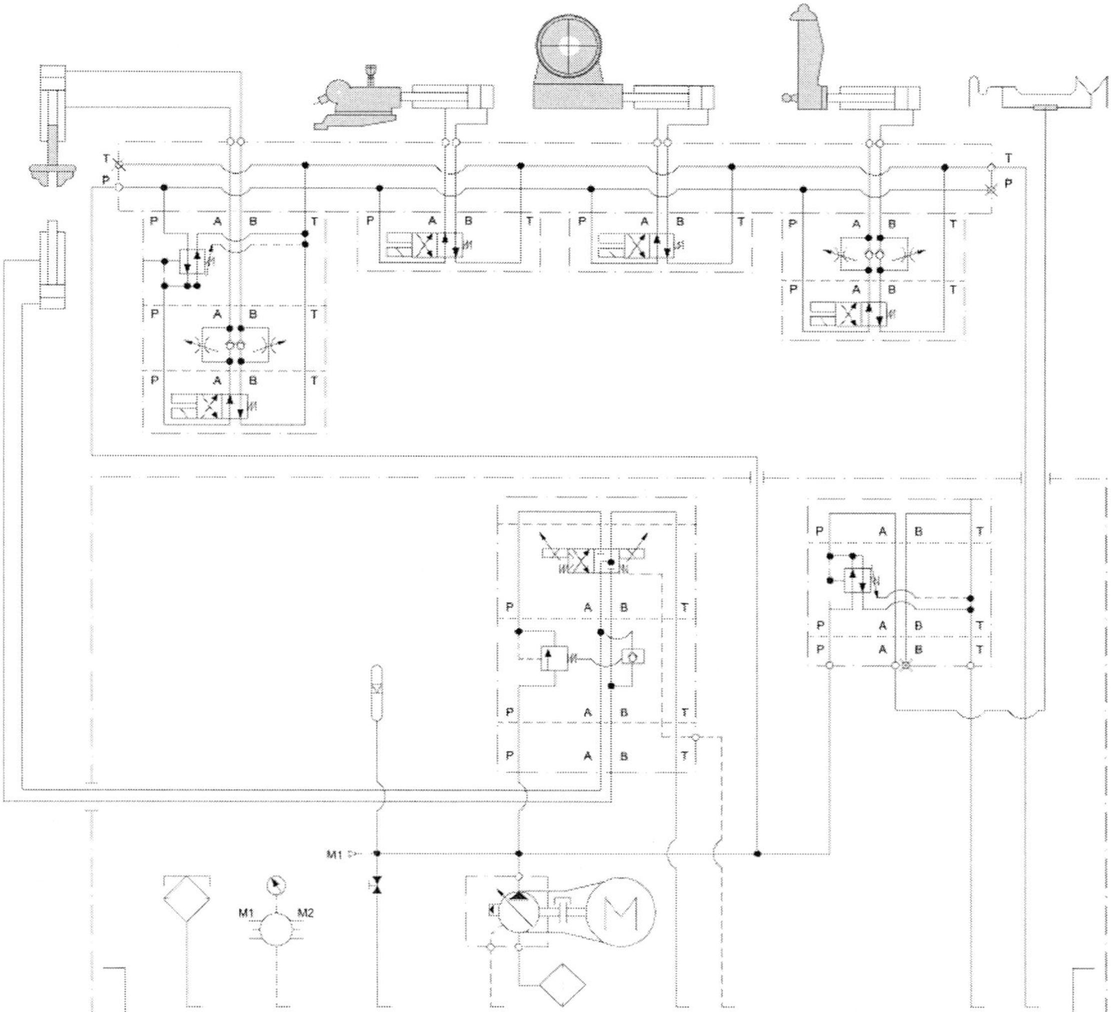

CAPÍTULO 6

DIMENSIONAMENTO E SELEÇÃO DOS COMPONENTES

Após o desenho do diagrama é feito o dimensionamento e seleção dos componentes que formam o circuito hidráulico. As necessidades do equipamento são os parâmetros a serem seguidos no dimensionamento. Portanto será necessário conhecer:

- Carga ou peso deslocado por cada atuador.
- Velocidade de deslocamento em cada movimento.
- Curso de cada cilindro.
- Torque necessário (motor hidráulico)
- Tempo de aceleração a velocidade máxima.
- Rotação disponível para acionamento da bomba.
- Temperatura no local de trabalho.
- Pressão máxima desejável.

CILINDROS

São dimensionados em função da força máxima a ser desenvolvida e da pressão máxima disponível.

Quando a pressão máxima não é fornecida, deve ser adotado um valor, levando-se em conta:

- Quanto maior a pressão, menor será o diâmetro do cilindro e consequentemente dos demais componentes do circuito.

- Pressões superiores a 210 bar, limitam bastante as opções de bombas, válvulas e atuadores disponíveis, aumentando o custo dos componentes e reduzindo as opções de diagrama.

Definida a pressão de trabalho, calcula-se o diâmetro necessário.

Caso o trabalho seja realizado no retorno da haste, a área calculada será a da coroa.

Ex.: Força Avanço = 10.000 Kgt
Pressão Trabalho = 100 BAR

$$AP = \frac{F}{P} = \frac{10.000}{100} = 100 cm^2$$

$$dp = \sqrt{\frac{Ap \times 4}{\Pi}} = \sqrt{\frac{100 \times 4}{3,1416}} = 11,3 \text{ cm} = \boxed{dp = 113mm}$$

Com o valor de diâmetro calculado seleciona-se um cilindro padronizado em uma tabela de fabricante. (Fig. 1)

Lembrando-se que optando por um diâmetro menor que o calculado, teremos que aumentar a pressão de trabalho.

Fig. 1 - Tabela de cilindros

Diâmetro do cilindro	Pórtico	Diâmetro da haste	Área em cm²			Relação área total	Força em kg								
							35 BAR			70 BAR			105 BAR			140 BAR		
			Total	Coroa	Haste	Coroa	Avanço	Retração		Avanço	Retração		Avanço	Retração		Avanço	Retração
50,8 (2")	1/2 NPT	25,4 (1") normal	20,3	16,5	5,1	1,23	710	582		1.421	1.164		2.131	1.656		2.842	2.328
		34,9 (1.3/8") pesada		10,7	9,6	1,90		374			749			1.123			1.498
63,5 (2.1/2")	1/2 NPT	25,4 (1") normal	31,7	26,6	5,1	1,19	1.109	931		2.219	1.862		3.328	2.793		4.439	3.724
		34,9 (1.3/8") interm		27,1	9,6	1,43		773			1.547			2.320			3.094
		44,5 (1.3/4") pesada		16,2	16,5	1,96		567			1.134			1.701			2.268
82,5 (3.1/4")	3/4 NPT	34,9 (1.3/8") norma	53,5	43,9	9,6	1,22	1.872	1.536		3.745	3.073		5.617	4.609		7.490	6.146
		44,5 (1.3/4") interm		38,0	16,5	1,41		1.330			2.660			3.990			5.320
		50,8 (2") pesada		33,3	20,3	1,61		1.165			2.331			3.496			4.662
101,6 (4")	3/4 NPT	44,5 (1.3/4") interm	81,1	65,6	16,5	1,24	2.836	2.296		5.677	4.592		8.515	6.888		11.354	9.184
		50,8 (2") interm		60,8	20,3	1,33		2.128			4.256			6.384			8.512
		63,5 (2.1/2") pesada		49,5	31,6	1,64		1.732			3.465			5.197			6.930
127,0 (5")	3/4 NPT	50,8 (2") normal	126,7	106,4	20,3	1,19	4.434	3.724		8.869	7.449		13.333	11.172		17.738	14.896
		63,5 (2.1/2") interm		95,1	31,6	1,33		3.328			6.657			9.985			13.314
		88,9 (3.1/2") pesada		64,6	62,1	1,96		2.261			4.522			6.783			9.044
152,4 (6")	1" NPT	63,5 (2.1/2") normal	182,4	150,8	31,6	1,21	6.384	5.278		12.788	10.556		19.182	15.834		25.556	21.112
		88,9 (3.1/2") interm		120,3	62,1	1,52		4.210			8.421			12.631			16.842
		101,6 (4") pesada		101,3	81,1	1,80		3.546			7.094			10.636			14.182
203,2 (8")	1.1/2" NPT	88,9 (3.1/2") normal	324,3	262,2	62,1	1,24	11.350	9.177		22.701	18.354		34.051	27.531		45.402	36.709
		114,4 (4.1/2") interm		221,7	102,6	1,46		7.759			15.518			23.278			31.038
		139,75 (5.1/2") pesada		171,0	153,3	1,90		5.985			11.970			17.955			23.940

Obs: Para faixa máxima de pressão de 140 BAR.

Obs.: Para ressões superiores a 140 bar, consulte fabricante de cilindro.

ESCOLHA DA HASTE

A escolha do diâmetro da haste é baseada no tipo de fixação, no comprimento do curso e na carga axial a ser movimentada.

Na fig. 2 determina-se o valor do comprimento 'L" em função do curso e da fixação.

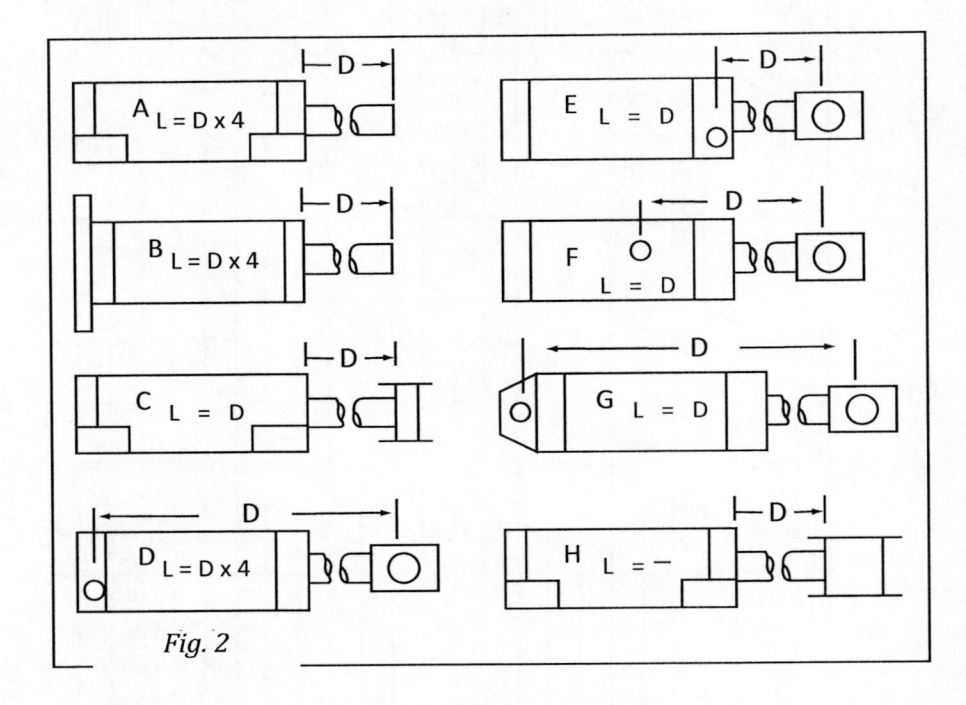

```
A  L = D x 4        E  L = D
B  L = D x 4        F  L = D
C  L = D            G  L = D
D  L = D x 4        H  L = —
```

Fig. 2

Partindo-se da carga axial na figura 3, segue-se horizontalmente até encontrar um comprimento "L" superior ao calculado, o diâmetro da haste correspondente será o adequado.

Quando o comprimento "L" excede a 1 m será necessário especificar um tubo de parada. Para cada 250 mm que L exceder a 1m usa-se 25 mm de tubo de parada.

Se a velocidade do pistão for superior a 10cm/s é necessário o uso de amortecedores de fim de curso.

Fig. 3 - Comprimento "L" em mm para cada diâmetro da haste

Carga axial Kg na extremidade da haste	1"	1 3/8"	1 3/4"	2"	2 1/2"	3 1/2"	4"	4 1/2"	5 1/2"
45	2819								
68	2642								
110	2388	3683							
180	2108	3429							
315	1727	2972	4724						
450	1549	2667	4267						
630	1346	2362	3937	5131		9750			
810	1219	2083	3556	4826	6985	9270	11200		
1.100	1143	1905	3226	4445	6502	8790	10540	12370	
1.450	1041	1702	2921	4064	6200	8382	10185	11730	
1.800	991	1600	2616	3683	5867	7874	9550	11300	
2.250	864	1524	2438	3277	5486	7239	9144	10790	
2.700	762	1422	2235	3000	4953	6900	8660	10390	
3.600	660	1270	2108	2794	4445	6172	7950	9600	
4.500	508	1143	1930	2616	4166	5590	7130	8840	12320
5.500	432	1016	1778	2388	3835	5280	6800	8280	11530
7.200		838	1651	2261	3454	4775	5950	7440	10700
9.000		686	1448	2108	3175	4370	5530	6680	9730
13.500			1295	1956	3050	3990	4850	5920	8480
18.000			965	1727	2800	3580	4520	5360	7420
23.000			584	1346	2565	3300	4170	5050	6810
27.000				1041	2210	3050	3910	4720	6550
36.000				762	1854	2580	3450	4390	6050
45.000					1600	2180	3000	3910	5610
54.000					1370	1880	2670	3580	5360
63.000					914	1520	2360	3150	4960

Cálculo da pressão de trabalho

Selecionado o diâmetro do pistão e da haste, recalcula se a pressão de trabalho no avanço e no retomo.

Ex: dp = 127mm = 12,7cm
Força de avanço = 10.000 kgf
dh = 50,8mm = 5,08cm
Força de retomo = 1.000 kgf

$$Ap = \frac{\Pi dp^2}{4} = \frac{\Pi \times (12,7)^2}{4} \Rightarrow Ap = 126,7 cm^2$$

$$Ac = \frac{\Pi (dp^2 - dh^2)}{4} = \frac{\Pi (12,7^2 - 5,08^2)}{4} \Rightarrow Ac = 106,4 cm^2$$

$$Pav = \frac{Fav}{Ap} = \frac{10.000}{126,7} \Rightarrow Pav = 78,9 \text{ Bar}$$

$$Pret = \frac{Fret}{Ac} = \frac{1.000}{106,4} \Rightarrow Pret = 9,4 \text{ Bar}$$

Cálculo de vazão necessária

A vazão necessária para o cilindro é calculado em função da sua área e da velocidade do movimento.

Ex: Ap = 126,7 cm²
 Ac = 106,4 cm²
 Veloc. de avanço= 5cm/s
 Veloc. de retorno= 8 cm/s

Qav=Vav x Ap=5 x 126,7=633,5 cm³/s = 38.010 cm³/min = 38,01 l/min.
Qret=Vret x Ac=8 x 106,4=851,2 cm³/s = 51.072 cm³/min. =51,07 l/min.

Se o cilindro possui duas velocidades de avanço (rápido e lento) calcula-se a vazão necessária para cada uma das velocidades.

O valor obtido no cálculo da vazão será o parâmetro a ser usado na escolha da bomba.

MOTORES HIDRÁULICOS

Como no caso dos cilindros, os motores são dimensionados em função da necessidade de acionamento, ou seja, torque e rotação necessários.

O parâmetro a ser obedecido em primeiro é o torque, a partir deste e da pressão de trabalho selecionamos o motor hidráulico adequado.

Ex: Torque necessário = 90N.m
 Pressão de trabalho = 120 Bar

$$\text{Torque nominal} = \frac{T_{nec}}{P} = \frac{90 \text{ N.m}}{120 \text{ BAR}} = 0,75 \text{ N.m/Bar}$$

Quando o torque necessário não é fornecido, pode ser calculado em função da carga a ser movimentada ou da potência requerida conforme abaixo:

a) Carga = 500kgf

   Raio = 0,05m

   T = F.r = 500 . 0,05 = 25 kgm = 245,2 Nm

b) Potência = 3 HP

   Rotação = 300 rpm

$$T = \frac{N \times 716{,}2}{n} = \frac{3 \times 716{,}2}{300} = 7{,}16 \text{ kgfm} = 70{,}2 \text{ N.m}$$

Com o valor do torque nominal selecionamos no catálogo do fabricante um motor hidráulico adequado observando se os limites de rotação e pressão atendem a necessidade do sistema.

Caso o catálogo forneça as curvas de desempenho, a seleção deve ser feita por meio destas com valor de torque necessário. (Fig. 4)

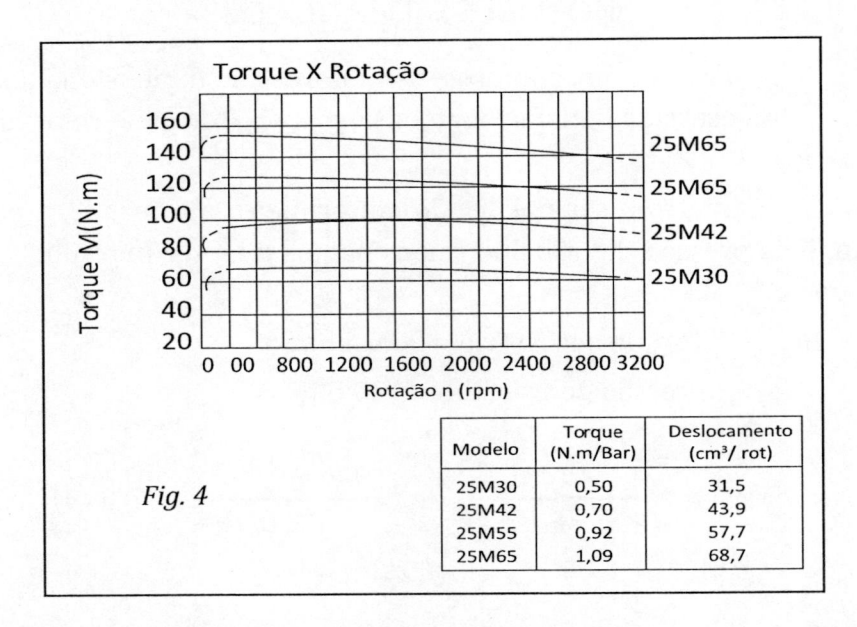

Modelo	Torque (N.m/Bar)	Deslocamento (cm³/ rot)
25M30	0,50	31,5
25M42	0,70	43,9
25M55	0,92	57,7
25M65	1,09	68,7

Fig. 4

Ao selecionarmos o motor, obteremos o valor do deslocamento volumétrico, com o qual calculamos a vazão necessária para operar na velocidade desejada.

Ex: Deslocamento = 57,7cm³/rot
Velocidade = 800 rpm
Rendimento Volumétrico = 85%

$$Q = \frac{n \times d}{\eta} = \frac{57,7 \times 800}{0,85} = 54.305 \text{cm}^3/\text{rot} \longrightarrow Q = 54,3 \text{ l/min.}$$

BOMBAS

A seleção da bomba é baseada na vazão necessária para acionamento dos atuadores calculada anteriormente.

A maior vazão requerida no sistema determina o tamanho da bomba, contudo se o circuito apresenta variação na necessidade de vazão é recomendável o uso de bombas duplas ou variáveis.

As bombas hidráulicas apresentam uma perda de vazão através dos vazamentos internos ocasionando uma vazão real inferior a vazão teórica. A porcentagem da vazão nominal efetivamente enviada ao sistema é denominada rendimento volumétrico e deve ser considerado no dimensionamento da bomba.

O rendimento volumétrico varia em função do modelo construtivo da bomba e da pressão na qual ela opera. A melhor maneira de fazermos a seleção é através das curvas de rendimento da bomba, encontradas nos catálogos dos fabricantes, que apresentam a vazão real em função de pressão de trabalho e rotação de acionamento. (Fig.5)

Ex: Vazão necessária = 170 l/min.
Pressão de trabalho = 140 BAR
Rotação de acionamento = 1.800 RPM

Curvas características
Temperatura do óleo = 50°C
Viscosidade = 32 cSt a 38°C

Fig. 5 — Curvas de rendimento: Anéis 25 e 35

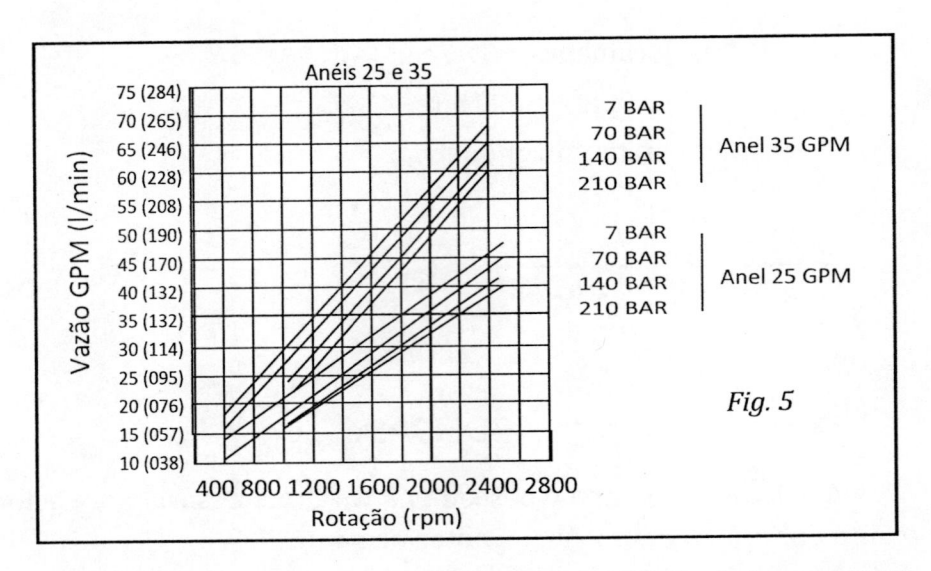

Eixo Y: Vazão GPM (l/min) — 75 (284), 70 (265), 65 (246), 60 (228), 55 (208), 50 (190), 45 (170), 40 (132), 35 (132), 30 (114), 25 (095), 20 (076), 15 (057), 10 (038)

Eixo X: Rotação (rpm) — 400, 800, 1200, 1600, 2000, 2400, 2800

Anel 35 GPM: 7 BAR, 70 BAR, 140 BAR, 210 BAR
Anel 25 GPM: 7 BAR, 70 BAR, 140 BAR, 210 BAR

A tabela acima mostra as curvas de rendimento da bomba de Palhetas série 35 VQ. (Vickers)

Para o exemplo acima a bomba adequada é de anel de 35 GPM.

VÁLVULAS

A seleção do tamanho nominal das válvulas a serem utilizadas no circuito é baseada em dois parâmetros: pressão máxima de operação e vazão que circula pela válvula. Estes parâmetros são obtidos quando do dimensionamento dos atuadores e da bomba.

VÁLVULAS DIRECIONAIS: são disponíveis com acionamento direto para vazão de até 120 l/min. Acima desta vazão utiliza-se às válvulas pré-operadas. Um ponto importante na seleção das válvulas direcionadas é a queda de pressão produzida pela passagem do fluido no interior da mesma.

O valor desta queda de pressão é dependente do tipo de embolo que a válvula possui e da vazão que circula através da mesma. Nos catálogos dos fabricantes existem tabelas que permitem determinar este valor. (Fig. 6)

Ex: Válvula Direcional: DG4V-3-6C-M-U-H7-30

Vazão: 30 L/min.

Para a válvula descrita no exemplo acima temos:

P _____ A Curvas$_6$ $\Delta p = 3{,}5$ BAR

P _____ B	Curvas$_6$	$\Delta p = 3,5$ BAR
A _____ T	Curvas$_3$	$\Delta p = 2,2$ BAR
B _____ T	Curvas$_3$	$\Delta p = 2,2$ BAR

O valor máximo aceitável de queda de pressão depende do tamanho nominal da válvula direcional e da complexidade do circuito, contudo para na maioria das aplicações uma queda depressão de até 5 bar é tolerável.

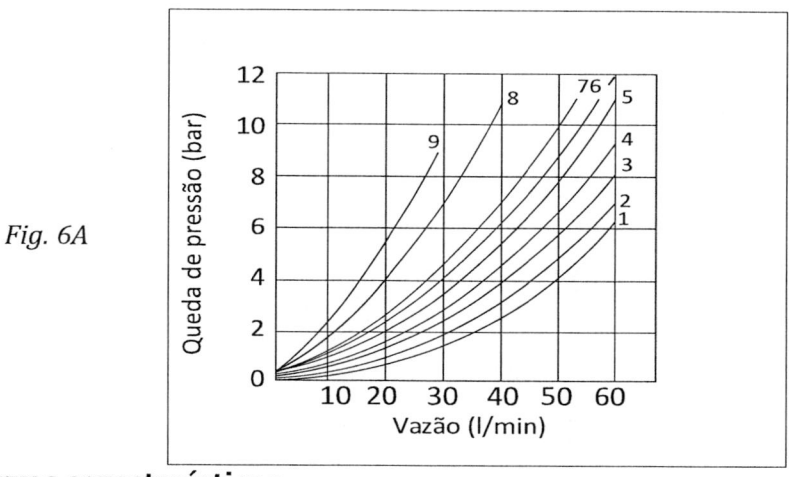

Fig. 6A

Curvas características

Para óleo mineral

temperatura do óleo = 50°C

viscosidade = 36 cSt

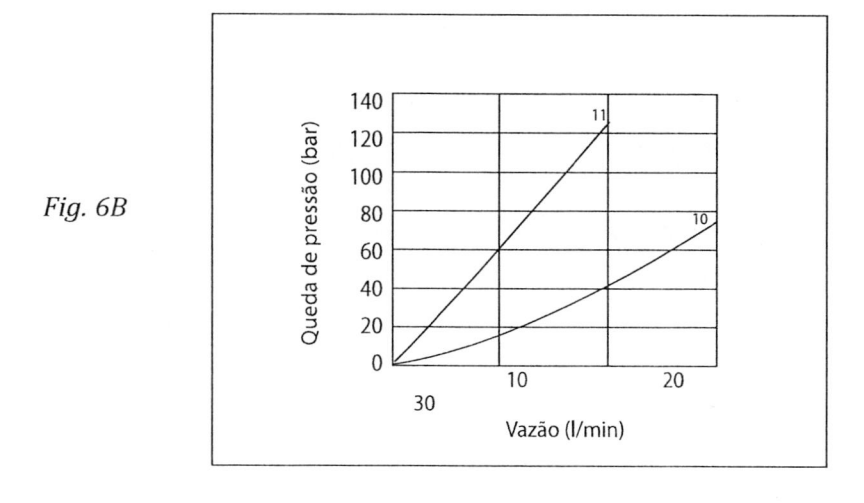

Fig. 6B

Quando a válvula direcional comandar cilindros de dupla-ação com relação de área grande (2:1, 3:1), é necessário atenção, pois a vazão que deixa o cilindro no movimento de retorno será superior a vazão da bomba, ocasionando uma queda de pressão elevada na válvula direcional.

Ex: na fig. 7 a vazão que entra na câmara do lado da haste é de 30 l/min, porém a vazão que deixa a câmara oposta é de 90 l/min.

Com isto, a vazão através da válvula direcional será:

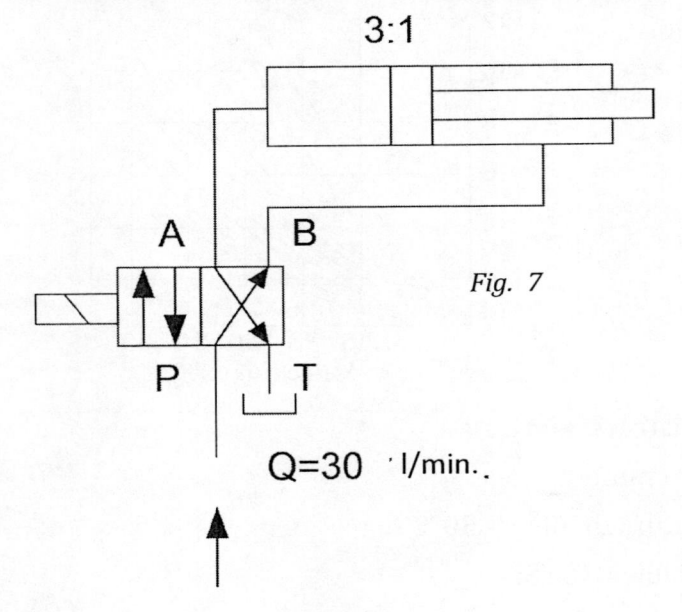

Fig. 7

Válvulas para Controle de Pressão

São selecionadas a partir da vazão que circula pela válvula e da pressão a ser ajustada no sistema. Em válvulas de segurança, existem faixas de ajuste de pressão. É recomendável que o valor a ser ajustado não fique próximo do limite máximo.

Para válvulas redutoras de pressão, sequência, contrabalanço, etc. É necessário verificar no catálogo do fabricante, o valor da queda de pressão, conforme visto em válvulas direcionais.

Válvulas Reguladoras de vazão

O tamanho nominal da válvula é definido pela vazão a ser controlada. Neste caso também é necessário consultar o catálogo do fabricante para verificar o valor máximo de vazão controlável. Em válvulas com retenção incorporada para permitir fluxo livre de retorno é necessário verificar a queda de pressão durante este movimento.

Válvulas de Retenção

O procedimento para a seleção das válvulas de retenção simples ou pilotada é o mesmo utilizado na escolha das válvulas direcionais, reguladoras de vazão e controladoras de pressão.

RESERVATÓRIO

O reservatório além de armazenar o volume de óleo necessário ao sistema desempenha importante função na retirada do calor gerado durante a operação.

Quanto maior for o seu tamanho maior será a capacidade de dissipação de calor. De uma forma prática o reservatório é dimensionado para um volume igual a duas ou três vezes a vazão da bomba.

Quando a condição de instalação não permitir o uso de um reservatório conforme recomendado, ele será dimensionado em função da variação no volume de fluido do sistema, com os cilindros totalmente avançados e totalmente retraídos. Neste caso quase sempre torna-se necessário o uso de trocador de calor.

TUBULAÇÃO

O diâmetro da tubulação à ser utilizada para interligar os componentes do sistema é determinado em função da vazão e da velocidade do fluido.

Para se obter valores reduzidos de perda de carga e tubulações de pequeno diâmetro são estabelecidos valores limites para a velocidade do fluido. Respeitados estes valores obtém-se uma tubulação adequada.

Velocidades do fluido recomendadas

Linhas de Sucção: 0,5 à 1,5 m/s

Linhas de retomo: 2,0 à 4,0 m/s

Linhas pressão (até 210 BAR): 3,0 à 6,0 m/s

Linhas de pressão (acima de 210 BAR) até 12,0 m/s

O diâmetro interno do tubo pode ser obtido em tabelas ou calculado. (fig. 8)

Ex: Tubo de Sucção

Vazão = 100 L/min.

Velocidade = 1,5 m/s

$$di = \sqrt{\frac{21{,}22 \times Q}{V}} = \sqrt{\frac{21{,}22 \times 100}{1{,}5}} = 37{,}6mm$$

PERDA DE CARGA

A perda de carga ou queda de pressão é um item muito importante no dimensionamento de um sistema hidráulico, pois ocasiona uma perda na potência instalada e consequentemente um aquecimento do equipamento.

PERDA DE CARGA DISTRIBUÍDA: Ocorre ao longo da tubulação em função do atrito do fluido com as paredes do tubo.

Dimensionando a tubulação conforme descrito anteriormente, seu valor é bastante reduzido, podendo ser desprezado em boa parte das aplicações. Contudo em tubulações muito longas é recomendável efetuar o cálculo.

Fig. 8

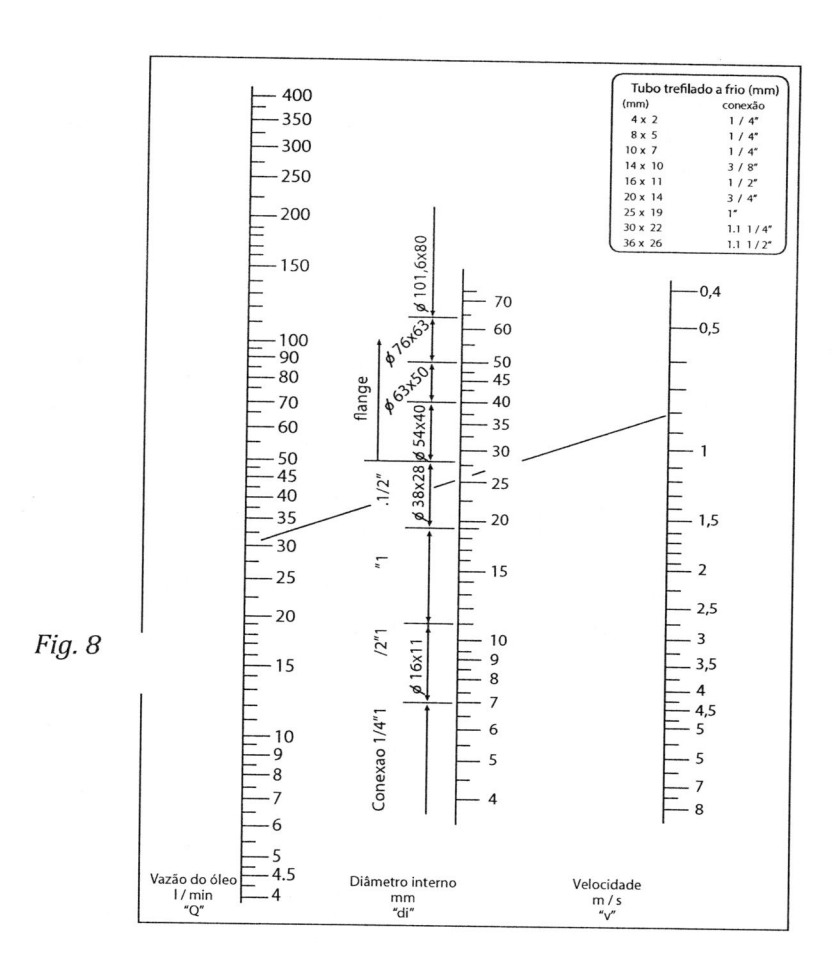

$$\Delta P = \lambda \cdot \frac{L \cdot P \cdot V^2 \cdot 10}{d \cdot 2}$$

Onde: Δp = Perda de Carga - BAR

l = Coeficiente de atrito

L = Comprimento do tubo – m

V = Velocidade de Fluído - m/s

D = Diâmetro interno - mm

r = Densidade do Fluído - Kg/dm³

(Para óleo mineral r p = 0.89 kg/dm³)

Perda de carga localizada

Ocorrem nas conexões, curvas, tês, reduções de diâmetro e principalmente nas válvulas.

As perdas de cargas nas válvulas são determinadas através do catálogo do fabricante, como foi visto anteriormente.

Nas conexões a perda de carga é geralmente desprezível, caso seja necessário o cálculo, fazemos a conversão por meio de tabela, em comprimento equivalente de tubulação e procedemos de maneira descrita para tubos.

POTÊNCIA E AQUECIMENTO

A potência necessária para acionamento da bomba é função da vazão fornecida e da pressão máxima do sistema.

$$N = \frac{P \times Q}{450\,\eta} \qquad \begin{array}{l} P = BAR \\ Q = l/min \\ N = CV \end{array}$$

$$N = \frac{P \times Q \times 0,0007}{\eta\,t} \qquad \begin{array}{l} P = PSI \\ Q = GPM \\ N = HP \end{array}$$

A pressão a ser utilizada no cálculo é a pressão máxima do sistema (valor ajustado na válvula de segurança), que corresponde a pressão de trabalho acrescida das perdas de carga do circuito.

O valor do rendimento a ser utilizado no cálculo varia em função do tipo de bomba, contudo no catálogo do fabricante temos curvas de potência efetiva já considerado o rendimento), em função da pressão do sistema.(Fig. 9)

Quando o sistema utiliza bomba dupla ou duas bombas acionadas pelo mesmo motor elétrico é necessário calcular a potência consumida quando as bombas operam simultaneamente e quando opera somente uma. O maior valor encontrado é usado para selecionar o motor elétrico.

Ex: Bomba 25 VQ anel 12 GPM, operando à 1.200 RPM e Pressão máxima de 70 bar, N = 9 CV

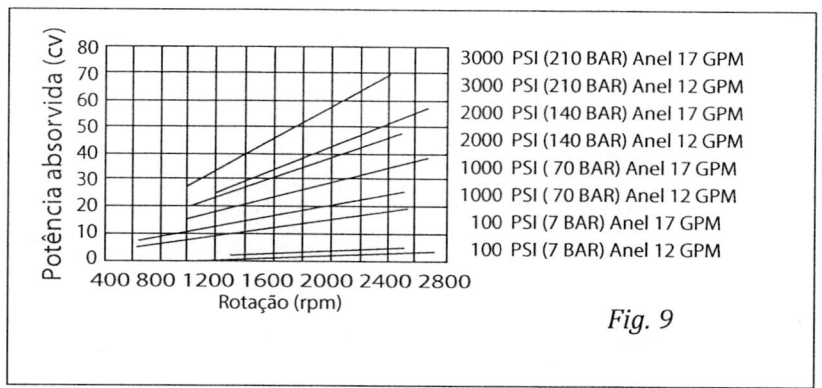

Fig. 9

Para bombas variáveis utilizamos a tabela do fabricante ou calculamos a potência consumida para cada valor de vazão fornecido ao sistema e utilizamos o maior para selecionar o motor. (Fig. 10)

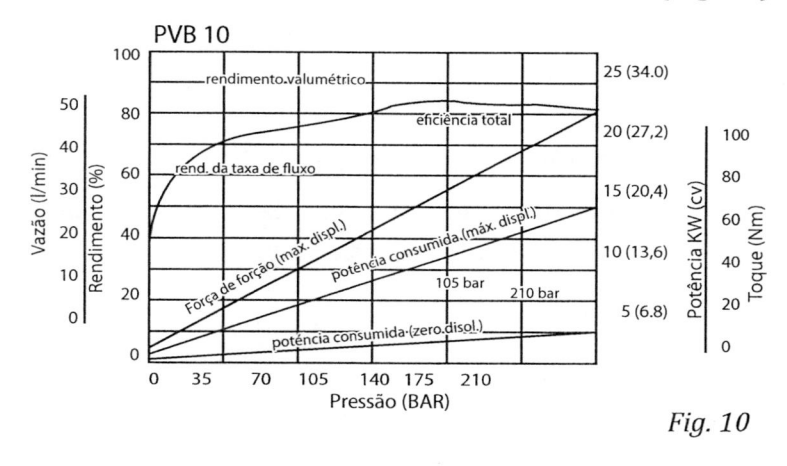

Fig. 10

Outro detalhe importante esta no rendimento do motor elétrico que deve ser considerado quando da sua escolha.

Calor a ser dissipado

Devemos sempre ter em mente que a diferença entre a potência instalada e a potência efetiva é a potência dissipada pelo sistema, e esta se transforma em calor, portanto deve-se trabalhar com a menor diferença possível.

Um exemplo típico é o caso de utilização de uma bomba de vazão fixa de 20 l/min. E pressão de trabalho regulada na segurança a 50 bar:

$$N = \frac{20 \times 50}{450} \longrightarrow N = 2{,}2 \text{ CV}$$

Se colocarmos um controle de fluxo na linha que permite a passagem de 16 l/min, a diferença de vazão de 4 l/min que a bomba manda para o sistema sai obrigatoriamente pela segurança, e para isso a pressão será de 50 bar, mesmo com o sistema sem carga, assim:

$$\text{Ndis} = \frac{4 \times 50}{450} \longrightarrow \text{Ndis} = 0{,}44 \text{ CV}$$

potência esta que se transforma em calor.

Se 1 W de potência aquece um volume de 6,8L em 1°C/hora, temos:

Suponha 68L no reservatório, temos 32,3°C/h de aquecimento!

Porém devemos considerar a dissipação de calor no reservatório, que pode ser calculado ou retirado do gráfico. (fig. 11)

$$\text{Cálculo: Ndr} = \frac{A \times \Delta T}{70} \quad \text{Ndr em KW}$$

A em m²: ΔT em °C

Assim a diferença entre a potência em excesso no sistema e a potência dissipada pelo reservatório é a potência que gera aquecimento do óleo, e que será utilizado para calcular o trocador de calor necessário.

Fig. 11

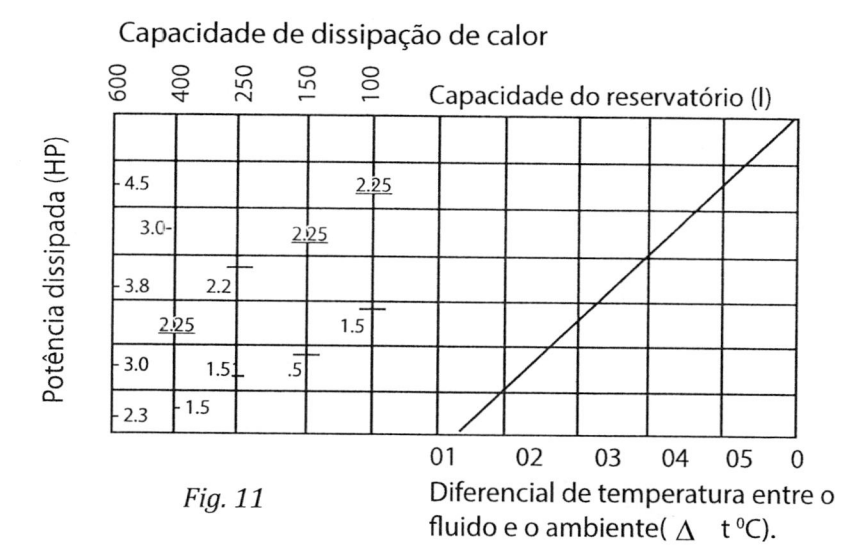

Capacidade de dissipação de calor / Capacidade do reservatório (l) / Potência dissipada (HP) / Diferencial de temperatura entre o fluido e o ambiente (Δ t °C).

Principais Fatores de Aquecimento

- Excesso de restrição (controles de vazão)
- Diferentes vazões no sistema com uma bomba única (fixa).
- Ciclo muito rápido com o tempo de utilização do equipamento muito grande.
- Ciclo de máquina parada muito alto.
- Reservatório mal dimensionado
- Válvulas de pressão de ação direta
- Projeto mal aplicado.

DIMENSIONAMENTO DE TROCADORES DE CALOR (ÁGUA-ÓLEO)

1) Quantidade de calor a ser dissipada:

Em um sistema a potência não convertida em trabalho, transforma-se em calor, provocando o aquecimento do fluido.

Para calcular o calor gerado, usam-se as seguintes expressões:

$q = 1{,}42 \cdot Q \cdot \Delta P$

ΔP - Diferença de Pressão [BAR]

Q - Vazão em [L/min.]

q - Calor gerado [Kca L/h]

2) Calor a ser dissipado no reservatório:

A capacidade de troca de calor do reservatório é determinada graficamente em função da temperatura do óleo e do meio ambiente.

3) Calor a ser dissipado pelo trocador de calor:

$$q_{troc.} = -q_{res.}$$

De forma prática podemos considerar que ⅓ da potência total será dissipada sob forma de calor.

$$Nd = [HP]$$
$$q = 642 \times Nd$$
$$q = [Kcal/h]$$

4) Determinação da diferença média logarítmica da temperatura:

$t_1 \text{———} t_2$
$t_4 \text{———} t_3$

$$tm1 = \frac{(t_1 - t_4) - (t_2 - t_3)}{\ln \dfrac{t_1 - t_4}{t_2 - t_3}}$$

temperatura:

$t1$ = Temp. entrada do óleo
$t2$ = Temp. saída do óleo
$t3$ = Temp. entrada do água
$t4$ = Temp. saída do água

5) Determinação da superfície de troca:

$$A = \frac{q.}{U. \; \Delta \; tm\,1}$$

A = área útil do tracador [m2]
q = calor a ser dissipado [Kcal L/h]
$\Delta tm\,1$ = difer. média logarítima de temp. [°C]
U = coeficiente global de troca de calor $\dfrac{Kcal}{h \,.\, °C \,.\, m^2}$

Obs: Para o óleo

$$U = 400 \; \frac{Kcal}{h \cdot °C \cdot m^2}$$

6) Determinação de vazão de água necessária:

O calor à ser retirado do óleo será transferido para a água. Portanto:

$$q_{óleo} = q_{água}$$

$q = Q \cdot Cp \cdot \Delta t$

logo

$$Q_o \cdot Cp_o \cdot \Delta t_o = Q_a \cdot Cp_a \cdot \Delta t_a$$

$$Q_a = \frac{Q_o \cdot Cp_o \cdot \Delta t_o}{Cp_a \cdot \Delta t_a}$$

Qa = vazão da água [L/min.]

Q0 = vazão do óleo [L/min.]

Cp0 = calor específico do óleo $\left[\frac{Kcal}{Kg \cdot °C}\right]$

Cpa = calor específico da água $\left[\frac{Kcal}{Kg \cdot °C}\right]$

Dt0 = diferença de temperatura do óleo

Dta = diferença de temperatura da água

Obs: $Cp_a = 1 \cdot \frac{Kcal}{Kg \cdot °C}$

$Cp_o = 0,5 \cdot \frac{Kcal}{Kg \cdot °C}$

7) Escolha do trocador de calor:

Com os valores das superfícies de troca, vazão do óleo e vazão da água, seleciona-se o trocador de calor através das tabelas do fabricante.

ACUMULADOR DE PRESSÃO

Dimensionamento de Acumulador

Devemos considerar três etapas para podermos dimensionar um acumulador. Em primeiro lugar devemos estabelecer quais deverão ser as pressões mínimas (P 1) a máximas (P2) de trabalho do sistema.

A figura 38 mostram a variação de volume de gás ou óleo no acumulador em função das pressões.

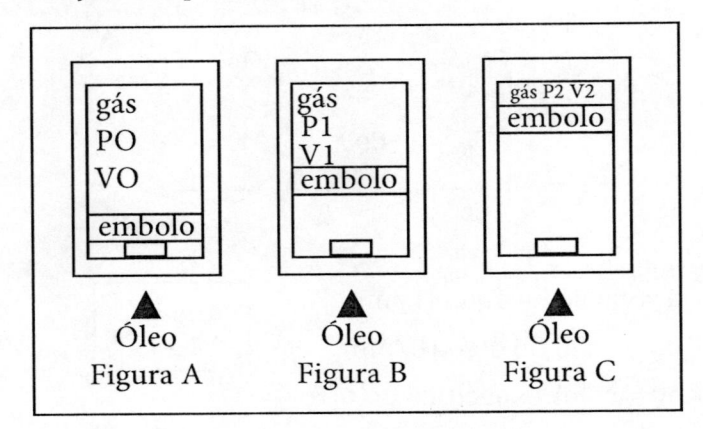

Fig. 12

Figura A — gás P0 V0, embolo, Óleo
Figura B — gás P1 V1, embolo, Óleo
Figura C — gás P2 V2, embolo, Óleo

Numericamente a variação do volume do gás e do óleo em função da pressão é igual.

P0 = Pressão de pré-enchimento de gás (bar);

V0 = Volume de gás (litros) (igual volume Nominal do acumulador);

P1 = Pressão mínima de trabalho do sistema (bar);

V_1 = Volume de gás (litros) com pressão P_1

P_2 = Pressão Máxima de trabalho do sistema (bar);

V_2 = Volume do gás (litros) com pressão P_2

Para dimensionar um acumulador de pressão é necessário determinar o regime de trabalho.

1) **Isotérmico:** Quando a compressão é lenta, superior à dois minutos.

$$V = \frac{V_0 \cdot P_0/P_1 \cdot (P_2 - P_1)}{P_2}$$

2) **Adiabática:** Quando a compressão é rápida, inferior à dois minutos.

$$V = \frac{V_0 \cdot (P_0/P_1)^{0,71} \cdot (P_2^{0,71} - P_1^{0,71})}{P_2^{0,71}}$$

Importante:

P_0 = no máximo 90% de P_1

P_1 = no mínimo 30% de P_2

Portanto,

$0,3\ P_2 < P_0 < 0,9\ P_1$

$0,5\ P_0/P_1 < 0,9$

Exemplo:

Dimensionar o volume de um acumulador (V_0) que está sendo utilizado para movimentar um cilindro com carga, em uma situação de emergência.

Dados:

PMax = 200 BAR

PMin = 100 BAR

Volume necessário para realização do ciclo = 6L

Tempo de duração de ciclo = 1,2 min.

Solução:

Tempo de expansão inferior a 2 min., portanto, condição adiabática.

$$V = \frac{V_0 \cdot (P_0/P_1)^{0,71} \cdot (P_2^{0,71} - P_1^{0,71})}{P_2^{0,71}}$$

$$V_0 = \frac{V \cdot P_2^{0,71}}{(P_0/P_1)^{0,71} \cdot (P_2^{0,71} - P_1^{0,71})}$$

$P_0 = 0,9\ P_1 \Rightarrow P_0 = 90\ BAR$

$$V_0 = \frac{6\ L \cdot 200^{0,71}}{(0,9)^{0,71} \cdot (200^{0,71} - 100^{0,71})} = 16,63\ L.$$

Pela tabela do fabricante encontramos o acumulador de capacidade nominal igual a 20L.

Recalcula-se a pressão de Pré-carga do gás.

$$V = \frac{V_0 \cdot (P_0/P_1)^{0,71} \cdot (P_2^{0,71} - P_1^{0,71})}{P_2^{0,71}}.$$

$$P_0 = 100 \cdot {}^{0,71} \frac{V \cdot P_2^{0,71}}{V_0 \cdot (P_2^{0,71} - P_1^{0,71})}$$

$$\frac{6 \cdot 200^{0,71}}{18 \cdot (200^{0,71} - 100^{0,71})}$$

$P_0 = 100 \cdot {}^{0,71}$

$P_0 = 80,54 = P_0 = 81\ bar$

FILTROS

São dimensionados em função da vazão do circuito e da necessidade do sistema hidráulico, de modo a apresentar o mínimo de perda de carga. A maioria dos componentes hidráulicos requer uma filtragem absoluta da ordem de 25 mícron, para tanto podemos instalar filtros na linha de sucção, pressão ou retorno.

Filtros de Sucção

Geralmente utiliza-se tela metálica com retenção de partículas entre 75 a 150 micra. Apesar de não atender a necessidades de filtragem dos componentes, protegem a bomba de partículas de maior porte que possam existir no reservatório.

Para evitar a cavitação à perda de carga máxima no filtro deve ser inferior a 0,08 bar.

Filtros de Retorno

É o filtro responsável por manter o nível de contaminação requerido pelos componentes (25 microns). Possuem BY-PASS e devem ser especificados de modo que a perda de carga inicial não ultrapasse 60 % da pressão de abertura do "BY-PASS" na vazão escolhida, lembrando que quanto maior for a diferença entre a pressão de abertura do "BY-PASS" e a perda de carga através do filtro, maior será o intervalo de troca ou limpeza do elemento filtrante. (Fig. 13)

Deve ser instalado com indicador de sujamento para determinação correta da hora de troca. Geralmente utilizam-se manômetros ou pressostato.

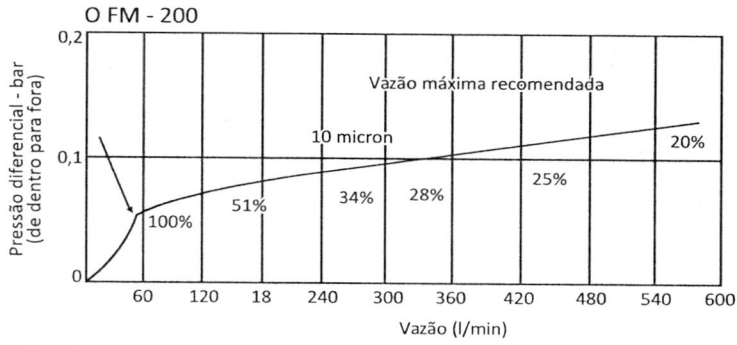

Fig. 13

Filtros de Pressão

São localizados após a saída da bomba, devendo, portanto suportar a máxima pressão do sistema. Por esta razão possuem um custo elevado o que limita bastante sua utilização.

Geralmente são do tipo baixa pressão diferencial, com "BY-PASS" e deve possuir indicadores de sujamento.

São dimensionados em função da vazão fornecida pela bomba em catálogo de fabricante.

Check- list do projeto de um circuito hidráulico

1) Seguiu todos os movimentos e pressões do óleo para ter certeza de que o circuito funciona?
2) Levou em consideração a dissipação de calor?
3) Mostrou as linhas de dreno e tanque?
4) Marcou os pórticos das válvulas?
5) Mostrou os modelos de sub-placas e flanges inclusos, quando usados?
6) Mostrou os diâmetros dos tubos?
7) Indicou as pressões nas válvulas controladoras de pressão?
8) Forneceu os dados do motor elétrico?
9) Mostrou o tamanho c o tipo das válvulas c outros componentes?
10) Indicou a sequência de trabalho?
11) Iniciou o tamanho do reservatório?
12) Indicou a força, velocidade, torque, etc. dos atuadores?
13) Forneceu instruções especiais ao cliente?
14) Verificou se está tudo completo e legível?
15) Forneceu manômetros nos pontos necessários do circuito?
16) Determinou a localização e modelos de filtros?
17) Quando se usa mais de um atuador no circuito, identifique a função de cada um?
18) O circuito está legível e apresentável?

CAPÍTULO 7

DIMENSIONAMENTO HIDRÁULICO

FORMULÁRIO

1) Pressão do fluido

$$P = \frac{F}{A}$$

F = Força
A = Área

2) Área do cilindro (Pistão)

$$Ap. = \pi \times r^2$$

$$Ap. = \frac{\pi \times dp^2}{4}$$

Ap. = Área do Pistão

3) Área da coroa

$$Ac = \frac{\pi \times (dp^2 - dh^2)}{4}$$

dp = Diâmetro do Pistão
dh = Diâmetro da Haste

4) Força exercida pelo Cilindro

$F = P \times A$

P = Pressão
A = Área

5) Velocidade do Cilindro

$\text{Vel.} = \dfrac{Q}{A}$

Q = Vazão
A = Área

6) Volume do Cilindro

$\text{Vol.} = \pi \times r^2 \times h$
$\text{Vol.} = A \times S$

A = Área do cilindro
S = Curso do cilindro

7) Vazão de saída da Bomba

$Q = n \times q$

n = Rotação por Minuto
q = Vazão por Revolução

8) Potência Necessária a Bomba

$\text{C.V.} = \dfrac{Q \times P}{426}$

Q = Vazão (L/min.)
P = Pressão (Kgf/cm²)

$\text{H.P.} = \dfrac{Q \times P}{1714}$

Q = Vazão (G.P.M.)
P = Pressão (Lbf/pol²)

9) Velocidade do óleo na tubulação

$\text{Vel.} = \dfrac{Q}{A}$

Q = Vazão fornecida a tubulação
A = Área interna da Seção da tubulação

10) Vazão do Fluido

$Q = \text{Vel} \times A$

Vel. = Velocidade
A = Área

11) Relação de Área

$$R = \frac{Ap}{Ac}$$

Ap. = Área do Pistão
Ac = Área da Coroa

12) Torque do Motor Hidráulico

$$T = \frac{P \times q}{2\pi}$$

P = Pressão
q = Vazão por Revolução

$$T = \frac{H.P.}{n}$$

H.P. = Potência
n = R.P.M.

$$T = \frac{Q \times P}{n}$$

Q = Vazão
P = Pressão
n = R.P.M.

13) Rotação do Motor Hidráulico

$$n = \frac{Q}{q}$$

Q = Vazão
q = Vazão por Revolução

14) Potência do Motor Hidráulico

$$H.P. = T \times n$$

T = Torque
n = R.P.M.

15) Volume do Reservatório

Vr. = 3 a 4 x Q   Q = Vazão

UNIDADES DE TRANSFORMAÇÃO

1000 cm3 = 1 Litro

1 Galão = 3,785 Litros

1 Kgf/cm2 = 0,9807 bar = 14,223 P.S.I. (Lbf/pol2)

1 C.V. = 0,986 H.P.

1 H.P. = 33.000 ft/lb. = 746 Watts = 42,4 Btu/min.

TABELA DE CONVERSÃO DE UNIDADES

MULTIPLIQUE...	POR...	PARA OBTER
Atmosferas	76,0	cm de mercúrio
atm	29,92	de mercúrio
atm	33,90	ft água
atm	1,0333	kg/cm^2
atm	14,7	PSI
atm	1,058	Ton/ft^2
Barrilóleo	42	Galões de óleo
BTU	0,2520	Kcal
BTU	777,5	lb.ft
BTU	$3,927.10^{-4}$	H.P. hora
BTU	107,5	kqm
BTU	$2,928.10^{-4}$	kw hora
BTU/min	12,96	ft.lb/sec
BTU/min	0,02356	H.P.
BTU/min	0,01757	kw
BTU/min	17,57	watts
Centímetros	0,3937	inches
cm	0,01	metros
cm	10	mm
cm Mercúrio	0,01316	atm
cm Mercúrio	0,4461	ft água
cm Mercúrio	136	kg/m^2
cm Mercúrio	27,85	lb/ft^2
cm Mercúrio	0,1934	PSI
cm/segundo	1,969	ft/min
cm/seg	0,03281	ft/sec
cm/seg	0,036	km/h
cm/seg	0,6	m/min
cm/seg	0,02237	milhas/hora
cm/seg	$3,728.10^{-4}$	milhas/min

11) Relação de Área

$$R = \frac{Ap}{Ac}$$

Ap. = Área do Pistão
Ac = Área da Coroa

12) Torque do Motor Hidráulico

$$T = \frac{P \times q}{2\pi}$$

P = Pressão
q = Vazão por Revolução

$$T = \frac{H.P.}{n}$$

H.P. = Potência
n = R.P.M.

$$T = \frac{Q \times P}{n}$$

Q = Vazão
P = Pressão
n = R.P.M.

13) Rotação do Motor Hidráulico

$$n = \frac{Q}{q}$$

Q = Vazão
q = Vazão por Revolução

14) Potência do Motor Hidráulico

$$H.P. = T \times n$$

T = Torque
n = R.P.M.

15) Volume do Reservatório

$$Vr. = 3 \text{ a } 4 \times Q$$

Q = Vazão

UNIDADES DE TRANSFORMAÇÃO

1000 cm3 = 1 Litro

1 Galão = 3,785 Litros

1 Kgf/cm2 = 0,9807 bar = 14,223 P.S.I. (Lbf/pol2)

1 C.V. = 0,986 H.P.

1 H.P. = 33.000 ft/lb. = 746 Watts = 42,4 Btu/min.

TABELA DE CONVERSÃO DE UNIDADES

MULTIPLIQUE...	POR...	PARA OBTER
Atmosferas	76,0	cm de mercúrio
atm	29,92	de mercúrio
atm	33,90	ft água
atm	1,0333	kg/cm^2
atm	14,7	PSI
atm	1,058	Ton/ft^2
Barrilóleo	42	Galões de óleo
BTU	0,2520	Kcal
BTU	777,5	lb.ft
BTU	$3,927.10^{-4}$	H.P. hora
BTU	107,5	kqm
BTU	$2,928.10^{-4}$	kw hora
BTU/min	12,96	ft.lb/sec
BTU/min	0,02356	H.P.
BTU/min	0,01757	kw
BTU/min	17,57	watts
Centímetros	0,3937	inches
cm	0,01	metros
cm	10	mm
cm Mercúrio	0,01316	atm
cm Mercúrio	0,4461	ft água
cm Mercúrio	136	kg/m^2
cm Mercúrio	27,85	lb/ft^2
cm Mercúrio	0,1934	PSI
cm/segundo	1,969	ft/min
cm/seg	0,03281	ft/sec
cm/seg	0,036	km/h
cm/seg	0,6	m/min
cm/seg	0,02237	milhas/hora
cm/seg	$3,728.10^{-4}$	milhas/min

MULTIPLIQUE...	POR...	PARA OBTER
cm^3	$3,531 \cdot 10^{-5}$	ft^3
cm^3	$6,102 \cdot 10^{-2}$	in^3
cm^3	10^6	m^3
cm^3	$1,308 \cdot 10^{-6}$	$jardas^3$
cm^3	$2,642 \cdot 10^{-4}$	galões
cm^3	10^3	litros
Decímetros	0,1	metros
graus (Ângulo)	60	minutos
graus (Ang)	0,01745	radianos
graus (Ang)	3600	segundos
graus/seg	0,01745	radianos/seg
graus/seg	0,1667	revoluções/min
graus/seg	0,002778	revoluções/seg
Feet (pés)	30,48	cm
ft	12	in
ft	0,3048	metros
ft	1/3	jardas
ft de água	0,2950	atm
ft de água	0,8826	in de mercúrio
ft de água	0,03048	kg/cm^2
ft de água	62,43	lb/ft^2
ft de água	0,4335	PSI
ft/min	0,5080	cm/seg
ft/min	0,1667	ft/sec
ft/min	0,01829	km/h
ft/min	0,3048	Milhas/min
ft/min	0,01136	Milhas/h
ft/sec/sec	30,48	cm/seg/seg
ft/sec/sec	0,3048	m/seg/seg
ft.libra	$1,286 \cdot 10^{-3}$	BTU
ft.lb	$5,050 \cdot 10^{-7}$	H.P. hora
ft.lb	$3,241 \cdot 10^{-4}$	kcal
ft.lb	0,1383	kgm
ft.lb	$3,766 \cdot 10^{-7}$	kw hora

MULTIPLIQUE...	POR...	PARA OBTER...
ft.lb/min	$1{,}286 \cdot 10^{-3}$	BTU/min
ft.lb/min	0,01667	Ftlb/sec
ft.lb/min	$3{,}030 \cdot 10^{-5}$	H.P.
ft.lb/min	$3{,}241 \cdot 10^{-4}$	kcal/min
ft.lb/min	$2{,}260 \cdot 10^{-5}$	kw
(in) inches=polegadas (ft) feet=pés		
ft.lb/sec	$7{,}717 \cdot 10^{-2}$	BTU/min
ft.lb/sec	$1{,}818 \cdot 10^{-3}$	H.P.
ft.lb/sec	$1{,}945 \cdot 10^{-2}$	kcal/min
ft.lb/sec	$1{,}356 \cdot 10^{-3}$	kw
ft^3	$2{,}832 \cdot 10^4$	cm^3
ft^3	1728	in^3
ft^3	0,02832	m^3
ft^3	0,03704	$jardas^3$
ft^3	7,48052	galões
ft^3	28,32	litros
ft^3	59,84	canecas
ft^3	29,92	quartos
ft^3/min	472	cm^3
ft^3/min	0,1247	galões/seg
ft^3/min	0,4720	litros/seg
ft^3/min	62,43	lb de água/min
ft^3/sec	448,831	galões/min
Galões	3785	cm^3
Galões	0,1337	ft^3
Galões	231	in^3
Galões	$3{,}785 \cdot 10^{-3}$	m^3
Galões	3,785	litros
GPM	$2{,}228 \cdot 10^{-3}$	Ft^3/sec
GPM	0,06308	litros/seg
GPM	8,0208	ft^3/h
Gramas	980,7	dinas
g	15,43	grãos
g	10^{-3}	kg
g	10^3	MG
g	$2{,}205 \cdot 10^{-3}$	Lb

MULTIPLIQUE...	POR...	PARA OBTER
g/cm	$5,6.10^{-3}$	lb/in
g/cm^3	62,43	lb/ft^3
g/cm^3	0,03613	lb/ft^3
g/litro	58,417	grãos/galão
g/litro	0,062427	lb/ft^3
H.P.	42,44	BTU/min
H.P.	33.000	lb/min
H.P.	550	lb.ft/sec
H.P.	1,014	H.P. (métrico)
H.P.	10,70	kcal/min
H.P.	0,7457	kw
H.P.	745,7	watts
H.P. hora	2547	BTU
H.P. h	$1,98.10^6$	ft.lb
H.P. h	641,7	kcal
H.P. h	$2,737.10^5$	kgm
H.P. h	0,7457	kw/hora
inches (polegadas)	2,540	cm
in de mercúrio	0,03342	atm
in de mercúrio	1,133	ft de água
in de mercúrio	0,03453	kg/cm^2
in de mercúrio	70,73	lb/ft^2
in de mercúrio	0,4912	PSI
in de água	$2,458.10^{-3}$	atm
in de água	$7,355.10^{-2}$	in de mercúrio
in de água	$2,54.10^{-3}$	kg/cm^2
in de água	5,202	lb/ft^2
in de água	0,03613	PSI
in^3	16,39	cm^3
in^3	$5,787.10^{-4}$	ft^3
in^3	$1,639.10^{-5}$	m^3
in^3	$2,143.10^{-5}$	jardas^3
in^3	$4,329.10^{-3}$	galões
in^3	$1,639.10^{-2}$	litros

MULTIPLIQUE...	POR...	PARA OBTER...
Quilogramas	980665	dinas
kg	2,205	lb
kg	10^3	g
kg/cm²	0,9678	atm
kg/cm²	32,81	ft de água
kg/cm²	28,96	in de água
kg/cm²	2048	lb/ft²
kg/cm²	14,22	PSI
Quilômetro (km)	10^5	cm
km	3281	ft
km	10^3	m
km	0,6214	milhas
km/h	27,76	cm/seg
km/h	54,68	ft/min
km/h	0,9113	ft/sec
km/h	16,57	m/min
Quilowatts (Kw)	56,92	BTU/min
kw	$4,425 \cdot 10^{-4}$	ft.lb/min
kw	737,6	ft.lb/sec
kw	1,341	H.P.
kw	14,34	Kcal/min
kw	10^3	Watt
kw-hora	3415	BTU
kw-h	$2,655 \cdot 10^6$	ft.lb
kw-h	860,5	kcal
kw-h	$3,671 \cdot 10^5$	kgm
Litros	10^3	cm³
Litros	0,03531	ft³
Litros	61,02	in³
Litros	10^{-3}	in³
Litros	0,2642	galões
Litros/min	$4,403 \cdot 10^{-3}$	galões/seg
Metros	100	cm
m	3,281	ft
m	39,37	in

MULTIPLIQUE...	POR...	PARA OBTER
Metros	1,667	cm/seg
m/min	3,281	ft/min
m/min	0,05468	ft/sec
m/min	0,06	km/h
m/min	0,03728	milhas/h
Metros/seg	196,8	ft/min
m/seg	3,281	ft/sec
m/seg	3,6	km/h
m/seg	0,06	km/min
m/seg	2,237	milhas/h
m^3	10^6	cm^3
m^3	35,31	ft^3
m^3	61,023	in^3
m^3	1,308	$jardas^3$
m^3	264,2	galões
m^3	10^3	litros
Microns	10^{-6}	m
Microns	$3,63.10^{-5}$	in
Milhas/hora	44,7	cm/seg
Milhas/hora	88	ft/min
Milhas/hora	1,467	ft/sec
Milhas/hora	1,609	km/h
Milhas/hora	26,82	m/min
Milimetro	0,1	cm
mm	0,03937	in
Minutos (Ângulo)	$2,909.10^{-4}$	radianos
Onças	437,5	grãos
Oz	0,0625	lb
Oz	28,349527	gramas
Oz	$2,835.10^{-5}$	tons
Oz	1,806	in^3
Oz (fluido)	0,02957	litros
Libras	16	Oz
Libras	7000	grãos
lb	453,5924	gramas

MULTIPLIQUE...	POR...	PARA OBTER
lb de água	0,01602	ft^3
lb de água	27,68	in^3
lb de água	0,1198	galões
lb de água/min	$2,679.10^{-4}$	ft^3/sec
lb/ft^3	$5,787.10^{-4}$	lb/in^3
lb/in^3	1728	lb/ft^3
PSI	0,06804	atm
PSI	2,307	ft de água
PSI	2,036	in de mercúrio
PSI	0,07031	kg/cm^2
Radianos	57,29578	Graus (Ângulo)
Watts	0,5692	BTU/min
Watts	44,26	ft.lb/min
Watts	0,7376	ft.lb/sec
Watts	$1,341.10^{-3}$	H.P.
Watts	0,01434	kcal/min
Watts	10^{-3}	Kw
Watt/hora	3,415	BTU
Watt/h	2655	ft.lb
Watt/h	$1,341.10^{-3}$	H.P. hora
Watt/h	0,8605	kcal
Watt/h	367,1	kgm
Watt/h	10^{-3}	kw/h
$Jardas^3$	$7,646.10^5$	cm^3
$Jardas^3$	27	ft^3
$Jardas^3$	46,656	in^3
$Jardas^3$	0,7646	m^3
$Jardas^3$	202	galões
$Jardas^3$	764,6	litros

ÁBACO PARA CÁLCULO
DO DIÂMETRO INTERNO DA TUBULAÇÃO

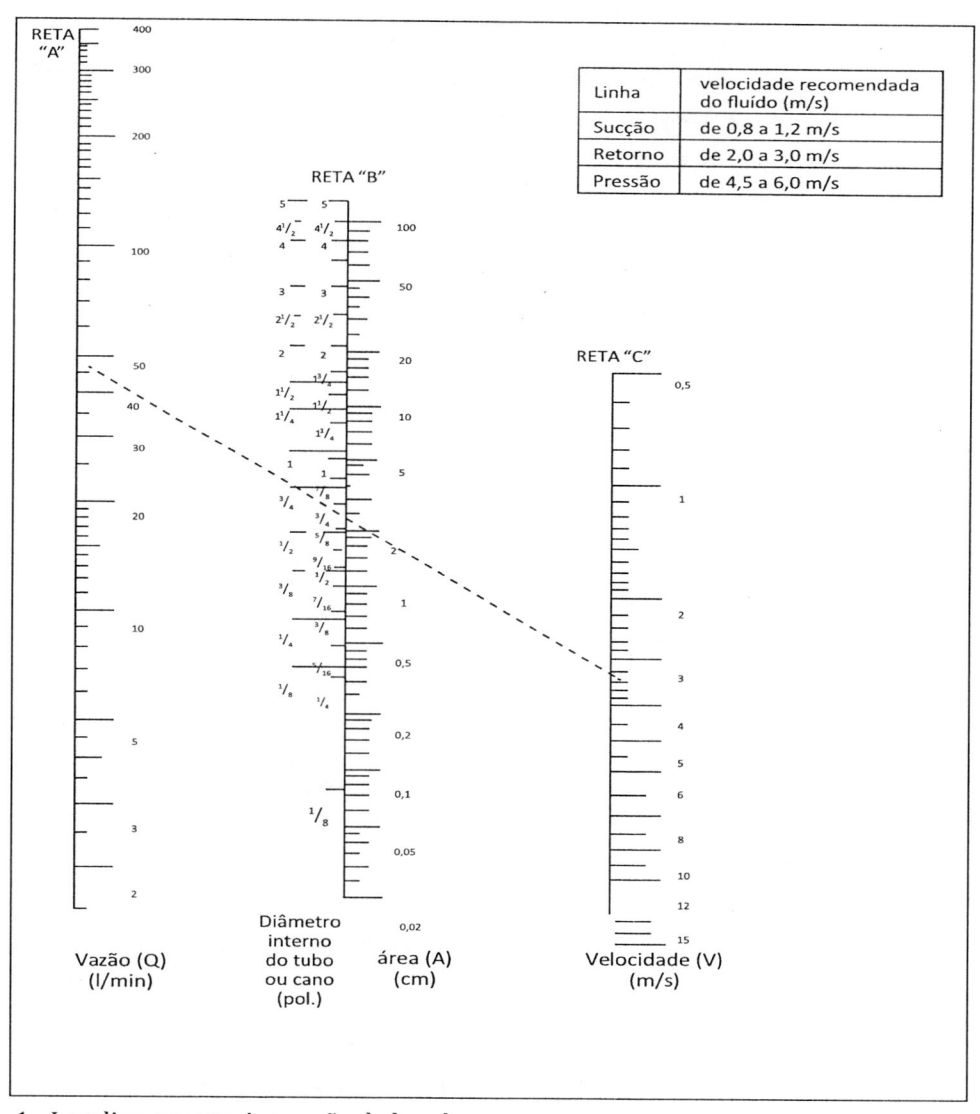

Linha	velocidade recomendada do fluído (m/s)
Sucção	de 0,8 a 1,2 m/s
Retorno	de 2,0 a 3,0 m/s
Pressão	de 4,5 a 6,0 m/s

RETA "A" — Vazão (Q) (l/min)
RETA "B" — Diâmetro interno do tubo ou cano (pol.) / área (A) (cm)
RETA "C" — Velocidade (V) (m/s)

1 - Localize, na reta A, a vazão da bomba.
2 - Localize, na reta C, a velocidade do fluido. Observe a tabela acima da reta.
3 - Unir com uma régua, os pontos localizados nas retas A e C, formando um traço que corte a reta B (conforme o exemplo).
4 - O diâmetro interno é localizado no ponto em que a reta resultante da união de A e C cruzar a reta B.

EXEMPLOS DE APLICAÇÃO

CALCULOS DE PRESSÃO - FORÇA - ÁREA

1) Calcular a força exercida no avanço e o retorno de um cilindro de 7,62cm (3") de diâmetro de pistão e 3,81cm (1 ½") de diâmetro de haste, sendo a pressão fornecida é de 210bar.

$F^1 = ?$ $F^2 = ?$

Dp = 7,62 cm   Dh = 3,81 cm

P = 210 bar = 214,08 Kgf/cm²

Solução

$$Ap = \frac{\pi \times Dp^2}{4} = 45,60 cm^2 \qquad Ah = \frac{\pi \times Dh^2}{4} = 11,40 cm^2$$

Ac = Ap - Ah = 45,60 - 11,40 = Ac = 34,20cm²

F1 = P x Ap = 214,08 x 45,60 = F1 = 9.762,05 Kfg

F1 = P x Ac = 214,08 x 34,20 = F2 = 7.321,54 Kfg

Obs: Se a relação de área for de 2:1, exemplo Ap=50cm² e Ac=25cm², a relação entre as forças para uma mesma pressão também será de 2:1.

Se F1 = 3.000 Kgf   F2 = 1.500 Kgf

CALCULOS PARA DETERMINAÇÃO DE PRESSÃO

2) Calcular a pressão necessária para se obter uma força de 15 toneladas força no avanço de um cilindro de diâmetro de pistão igual a 10,16cm (4" polegadas).

Pressão=?

F1 = 15 toneladas = 15.000 kgf

Dp = 10,16cm

$$Ap = \frac{\pi \times Dp^2}{4} = 81,07 cm^2$$

$$P = \frac{F^1}{Ap} = \frac{15.000}{81,07}$$

$$P = 185,03 \text{ Kgf/cm}^2 = 181,51 \text{ bar}$$

CALCULOS PARA DETERMINAÇÃO DE PRESSÃO

3) Para uma pressão de 210bar, quero obter uma força de avanço de 30 toneladas força e outra de retorno de 23 toneladas força. Calcule as áreas de pistão, haste e coroa e calcule também o diâmetro do pistão e diâmetro da haste para que possa ocorrer.

P = 210 bar (transformar para o sistema métrico kgf/cm²)
F1 = 30 toneladas   e   F2 = 23 toneladas
Calcular:
Área do pistão; Área da haste; Área da coroa
Diâmetro do pistão; Diâmetro da haste
Pressão = 210 bar
F^1 = 30 toneladas = 30.000 kgf
F^2 = 23 toneladas = 23.000 kgf
Solução:

$$Ap = \frac{F_1}{P} = \frac{30.000}{214,07} = 140,14 cm^2$$

$$D_{pistão} = \sqrt{\frac{4 \times Ap}{\pi}} = \sqrt{\frac{4 \times 140,17}{3,1416}} = 13,36 cm$$

$$Ac = \frac{F_2}{P} = \frac{23.000}{214,07} = 107,44 cm^2$$

$$D_{haste} = \sqrt{\frac{4 \times Ah}{\Pi}} = \sqrt{\frac{4 \times 32,70}{3,1416}} = 6,45 cm$$

4) Calcular o cilindro de um torno automático que tenha uma força de avanço 5.000 Kgf e de retorno de 2.000 Kgf.

Solução: Adotamos

$P = 70$ bar $= 71,37$ Kgf/cm^2

$F_{avanço} = 5.000$ Kgf

$F_{retorno} = 2.000$ Kgf

$$Ap = \frac{F_1}{P} = \frac{5.000}{71,37} \quad Ap = 70,05 cm^2$$

$$D_p = \sqrt{\frac{4 \times Ap}{\Pi}} = \sqrt{\frac{4 \times 70,05}{3,1416}} = 9,44 cm$$

$$Ac = \frac{F_2}{P} = \frac{2.000}{71,37} \quad Ac = 28,02 cm^2$$

$$D_h = \sqrt{\frac{4 \times Ah}{\Pi}} = \sqrt{\frac{4 \times 42,03}{3,1416}} = 7,31 cm$$

Recalcular utilizando tabela de cilindro Vickers e determinar a pressão de trabalho real, de avanço e retorno.

5) Calcular o cilindro de uma prensa de chapas de espessura de 2,20cm, sabendo que as forças necessária a prensagem será de 150 toneladas força.

Solução:

P = 210 bar = 214,08 Kgf/cm2

F = 150 toneladas = 150.000 Kgf

$$Ap = \frac{F_1}{P} = \frac{150.000}{214,08} \quad Ap = 700{,}71 cm^2$$

$$D_p = \sqrt{\frac{4 \times Ap}{\Pi}} = \sqrt{\frac{4 \times 700{,}71}{3{,}1416}} = 29{,}87 cm$$

Recalcular o diâmetro do cilindro, em função do valor obtido não ser um cilindro de serie. Por tanto, dividiremos a força F, quantas vezes forem necessárias, levando em consideração o tipo de máquina ou estrutura.

A) Dividir a força;

B) Determinar os cilindros;

C) Recalcular a máxima pressão de trabalho.

VAZÃO DO VOLUME TEMPO

6) Para uma força de avanço de 6.000 Kgf, precisamos de um cilindro de diâmetro de pistão igual a 10,16cm e uma força de retorno de 2.000 Kgf. O cálculo nos forneceu um diâmetro de haste igual a 3,81cm. Calcular as vazões necessárias para o avanço e retorno do cilindro, sabemos que o curso é de 50cm e o tempo de avanço é de 3 segundos e o de retorno igual a 1,5 segundos.

Solução: Dp=10,16cm   Dh=3,81cm   s=50mm
T_1 = 3 seg. T_2 = 1,5 seg.
Q_1=?   e Q_2=?

$$Vel_1 = \frac{S}{T_1} = \frac{50}{3} = 16,67 \text{ cm/seg.}$$

$$Ap = \frac{\Pi \times Dp^2}{4} = \frac{3,1416 \times 10,16^2}{3} = 81,07 \text{ cm}^2$$

$$Vel_2 = \frac{S}{T_2} = \frac{50}{1,5} = 33,33 \text{ cm/seg.}$$

$$Ah = \frac{\Pi \times Dh^2}{4} = \frac{3,1416 \times 3,81^2}{3} = 11,40 \text{ cm}^2$$

Ac=Ap-Ah=Ac=81,07-11,40=Ac=69,67cm²
Q²=Vel² x Ac=33,33 x 69,67=Q²=139,34 L/min.
Q¹=Vel¹ x Ap=16,67 x 81,07=Q¹=81,07 L/min.

VAZÃO VOLUME TEMPO

7) Calcular a vazão necessária para que um cilindro de 12,7cm de diâmetro de pistão e 7,62cm de diâmetro de haste com um curso de 300mm faça 3 peças por minuto.

Solução: Dp=12,7cm Dh=7,62cm s=300mm

n=3 pç/min.

Q=Volume total x n

Vol. total=Vol_1+Vol_2 Vol_1=Ap x s Vol_2=Ac x s

$$Ap = \frac{\Pi \times Dp^2}{4} = \frac{3,1416 \times 12,7^2}{4} = 126,68 cm^2$$

$$Ah = \frac{\Pi \times Dh^2}{4} = \frac{3,1416 \times 7,62^2}{4} = 45,60 cm^2$$

Ac = Ap - Ah = Ac = 126,68 - 45,60 = Ac = 81,08 cm²

Vol_1 = Ap x s = 126,68 x 30 = 3.800,31 cm³

Vol_2 = Ac x s = 81,08 x 30 = 2.432,4 cm³

Vol. total =Vol_1 + Vol_2 = 3800,31 + 2432,4 = 6232,71 cm³

Q = Valor total x n = 6.232,71 x 3 = 18.698 cm³/min.

Q = 18,698 l/min.

VELOCIDADE TEMPO

8) Sabendo que um cilindro de 17,78cm de diâmetro do pistão e 8,89cm de diâmetro de haste, recebe uma vazão de 113,551 L/min. E sendo o curso do cilindro de 400mm. Calcular as velocidades e os tempos de avanço e retorno.

Solução: Dp=17,78cm   Dh=8,89cm   s=400mm
Q=113,55 L/min.
V_1=? e V_2=? T_1=? e T_2=?

$$Ap = \frac{\Pi \times Dp^2}{4} = \frac{3,1416 \times 17,78^2}{4} = 248,29 cm^2$$

$$Ah = \frac{\Pi \times Dh^2}{4} = \frac{3,1416 \times 8,89^2}{4} = 62,07 cm^2$$

$$V_1 = \frac{113,550}{248,29} = 457,33 cm/min$$

$$V_2 = \frac{113,550}{186,22} = 609,76 cm/min$$

$$T_1 = \frac{S}{V_1} = \frac{40}{457,33} = 0,088 \text{ min.} = 5,25 \text{ seg.}$$

$$T_2 = \frac{S}{V_2} = \frac{40}{609,76} = 0,066 \text{ min.} = 3,94 \text{ seg.}$$

VAZÃO VOLUME TEMPO

9) Calcular a vazão necessária para que um cilindro de uma máquina injetora, de curso igual a 400mm, sendo 10,16cm de diâmetro de pistão e 6,35 de diâmetro de haste e efetue injeção de 5 peças por minuto.

Solução: Dp=10,16cm   Dh=6,35cm   s=400mm
n=5 pç/min.

Q = Volume total x n

$$Ap = \frac{\Pi \times Dp^2}{4} = \frac{3,1416 \times 10,16^2}{4} = 81,07 cm^2$$

$$Ah = \frac{\Pi \times Dh^2}{4} = \frac{3,1416 \times 6,35^2}{4} = 31,67 cm^2$$

Ac = Ap - Ah = Ac = 81,07 - 31,670 = Ac = 49,40 cm²

Vol_1 = Ap x s = 81,07 x 40 = 3.242,93 cm³

Vol_2 = Ac x s = 49,40 x 40 = 1.976,03 cm³

Vol. total = Vol_1 + Vol_2 = 3.242,93 + 1.976,03 =

Vol. total = 5.218,96 cm³

Q = Valor total x n = 5.218,96 x 5 = 26.094,8 cm³/min.

Q = 26.094,8 l/min.

10) Determinar uma bomba do almoxarifado para um circuito hidráulico, cujo cilindro está montado na posição vertical, preso ao teto com sua haste voltada para baixo, cujo movimento de descida é feito por gravidade, com velocidade de 5cm/seg e de subida de 30cm/seg.

Dados: Dp=200mm   e   Dh= 50mm

Motor elétrico coplado no istema é de 50HP, com 4 polos a 1800 rpm

Alternativas:

10.1) fornece 140gpm a 1200 rpm

10.2) fornece 95gpm a 1200 rpm

10.3) fornece 255gpm a 1200 rpm

Solução:

$Ap = 0{,}785 \times 20^2 = 314 cm^2$

$Ah = 0{,}785 \times 5^2 = 19{,}625 cm^2$

$Ac = Ah = Ac = 314 - 19{,}625 = Ac = 294{,}375 cm^2$

$Q = Vel = Ac = 30 \times 294{,}37 = 8.8831{,}0 cm^3/seg.$

$Q = 8.831 \times \dfrac{60}{100} = 529{,}86 \, L/min. \div 3{,}785$

$Q = 140 \, gpm.$

a) 1.200 rpm. ---- 140 gpm.   x=210 gpm.
    1.800 rpm. ---- X gpm.

b) 1.200 rpm. ---- 95 gpm.   x=142,5 gpm.
    1.800 rpm. ---- X gpm.

c) 1.200 rpm. ---- 255 gpm.   x=382 gpm.
    1.800 rpm. ---- X gpm.

Orientação para a resolução do exercício:

A) Acionar S_1 e S_2

B) Haste aciona LS_1 desligando S_1

C) Atingindo fim de curso aciona LS_2 desligando S_2 e acionando S_3

D) LS_1 desliga o solenóide 1

E) LS_2 micro limitador de curso

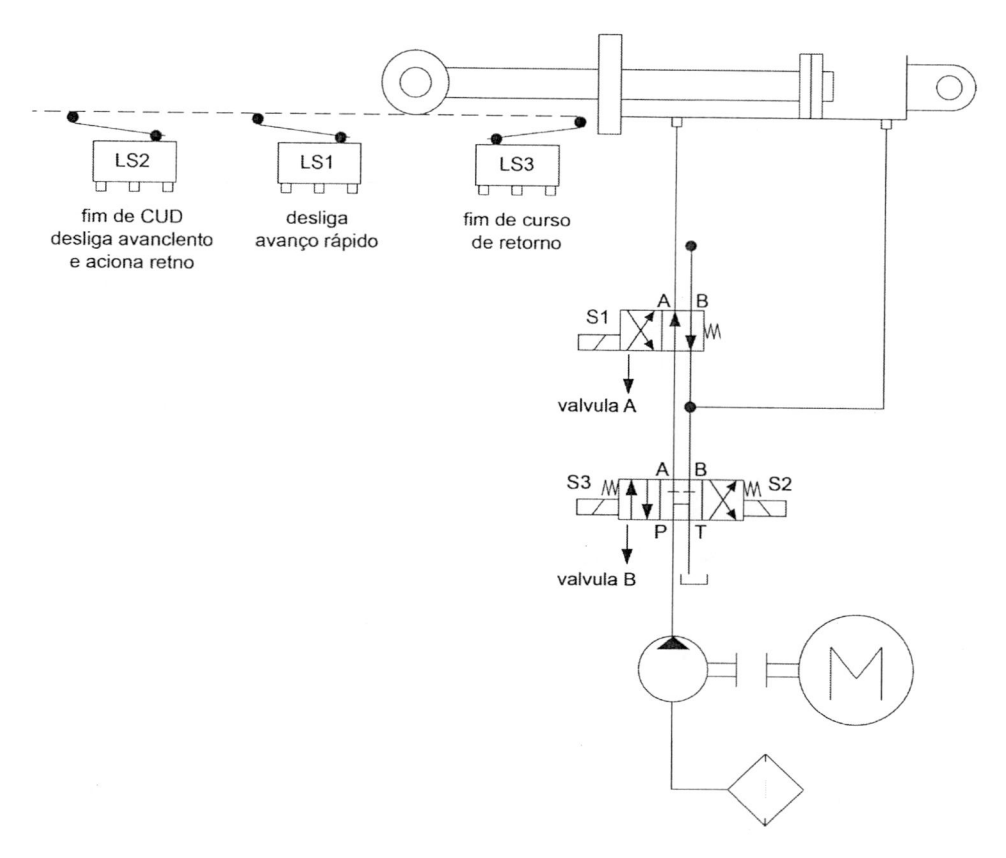

QUADRO ELÉTRICO DO CICLO DE OPERAÇÕES

MOVIMENTO	AVANÇO RÁPIDO	AVANÇO LENTO	RETORNO RÁPIDO	PARADO
S_1	+	-	-	-
S_2	+	+	-	-
S_3	-	-	+	-
LS_1	-	+	-	-
LS_2	-	-	+	-

SISTEMA REGENERATIVO

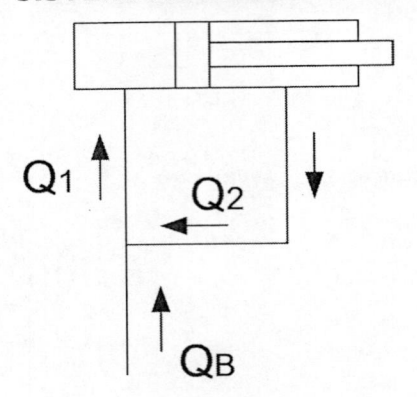

$F_{reg.} = P \times Ah$

$V_1 = \dfrac{Q_B}{Ah}$; $V_1 = \dfrac{Q_2}{Ac}$; $V1 = \dfrac{Q_1}{Ap}$

$Q_1 = Q_B + Q_2$

11) Calcular a força e a velocidade de um circuito Regenerativo cuja área do pistão é de 20cm², a área da haste é de 10cm², sabendo-se que a pressão máxima é de 35 kgf/cm² e a vazão é de 10 lpm. Desenhar um circuito regenerativo.

Resolução:

$Ap = 20 cm^2 \quad Ah = 10 cm^2 \quad P_{max} = 35 \; kgf/cm^2$

$F_{reg.} = P \times Ah = 35 \times 10 = F_{reg.} = 350 \; kgf$

$Q = Vel_{reg.} \times Ah = Vel_{reg.} = \dfrac{Q}{Ah} = \dfrac{10 \; lpm.}{10 cm^2} \times \dfrac{1000 cm^3}{60 \; seg.}$

$Vel_{reg.} = 16{,}60 \; cm/seg.$

LS2 — fim de CUD desliga avanclento e aciona retno

LS1 — desliga avanço rápido

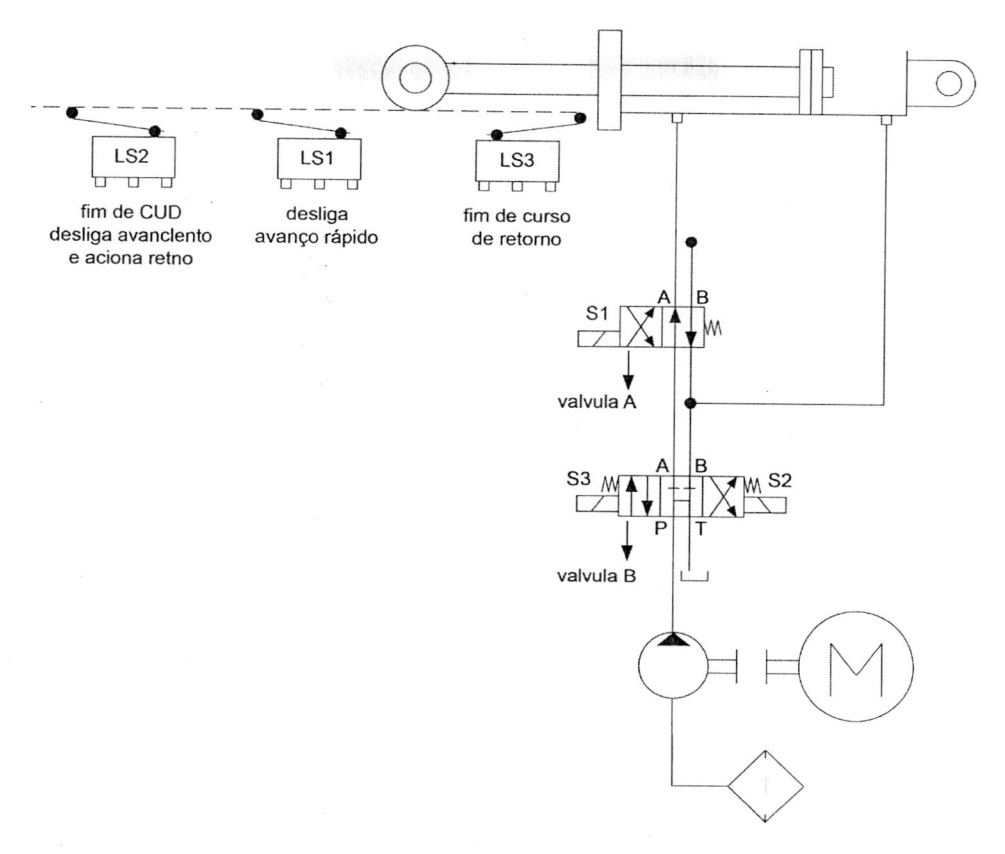

LS3 — fim de curso de retorno

valvula A

valvula B

QUADRO ELÉTRICO DO CICLO DE OPERAÇÕES

MOVIMENTO	AVANÇO RÁPIDO	AVANÇO LENTO	RETORNO RÁPIDO	PARADO
S_1	+	-	-	-
S_2	+	+	-	-
S_3	-	-	+	-
LS_1	-	+	-	-
LS_2	-	-	+	-

SISTEMA REGENERATIVO

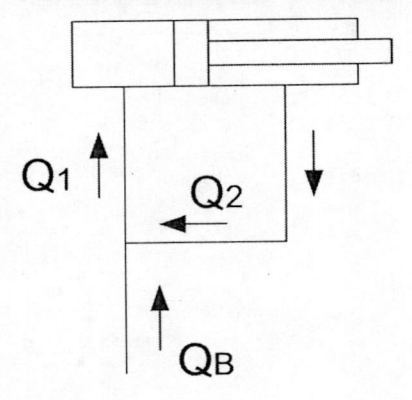

$F_{reg.} = P \times Ah$

$V_1 = \dfrac{Q_B}{Ah}$; $V_1 = \dfrac{Q_2}{Ac}$; $V1 = \dfrac{Q_1}{Ap}$

$Q_1 = Q_B + Q_2$

11) Calcular a força e a velocidade de um circuito Regenerativo cuja área do pistão é de 20cm², a área da haste é de 10cm², sabendo-se que a pressão máxima é de 35 kgf/cm² e a vazão é de 10 lpm. Desenhar um circuito regenerativo.

Resolução:

$Ap = 20 cm^2 \qquad Ah = 10 cm^2 \qquad P_{max} = 35 \ kgf/cm^2$

$F_{reg.} = P \times Ah = 35 \times 10 = F_{reg.} = 350 \ kgf$

$Q = Vel_{reg.} \times Ah = Vel_{reg.} = \dfrac{Q}{Ah} = \dfrac{10 \ lpm.}{10 cm^2} \times \dfrac{1000 cm^3}{60 \ seg.}$

$Vel_{reg.} = 16,60 \ cm/seg.$

12) Um cilindro recebe óleo da bomba a uma vazão de 56,78 L/min. e pressão máxima de 84,32 kgf/cm², calcular a força resultante e a velocidade de avanço para um diâmetro de pistão igual a 20,32cm e diâmetro de haste igual a 12,7cm, sendo um curso de 500mm, em quanto tempo o cilindro se estenderá?

Resolução:

12.1) $F_{reg.} = F_1 - F_2$

$F_1 = Ap \times P = 324,29 \times 84,32 = 27.344,13$ kgf

$F_2 = Ap \times P = 197,61 \times 84,32 = 16.662,48$ kgf

$F_{reg.} = F_1 - F_2 = 27.344,13 - 16.662,48 = 10.681,65$ kgf

12.2) $V_1 = \dfrac{Q_1}{Ap}$ sendo $Q_1 = Q_B + Q_2$

$V_1 = \dfrac{Q_2}{Ac}$ sendo $Q_2 = Q_1 + Q_B$

$V_1 = \dfrac{Q_B}{Ah} = \dfrac{56.780}{126,68} = 448,22$ cm/min

12.3) $Q_1 = Vel_1 \times Ap = Q_1 = 448,22 \times 324,29 = Q_1 = 145,35$ l/min.

$Q_2 = Vel_1 \times Ac = Q_2 = 448,22 \times 197,61 = Q_2 = 88,57$ l/min.

12.4) $T = \dfrac{s}{V}$ $T1 = \dfrac{S}{Vel_1}$

$T_1 = \dfrac{50}{448,22} = 0,1116$ min $= T1 = 6,7$ seg.

EXERCÍCIO

13) Um atuador hidráulico empurra uma carga de 15.000 kg, com uma velocidade de avanço de 10cm/s. São dados:

diâmetro do cilindro=20cm
diâmetro da haste=10cm
curso=60cm

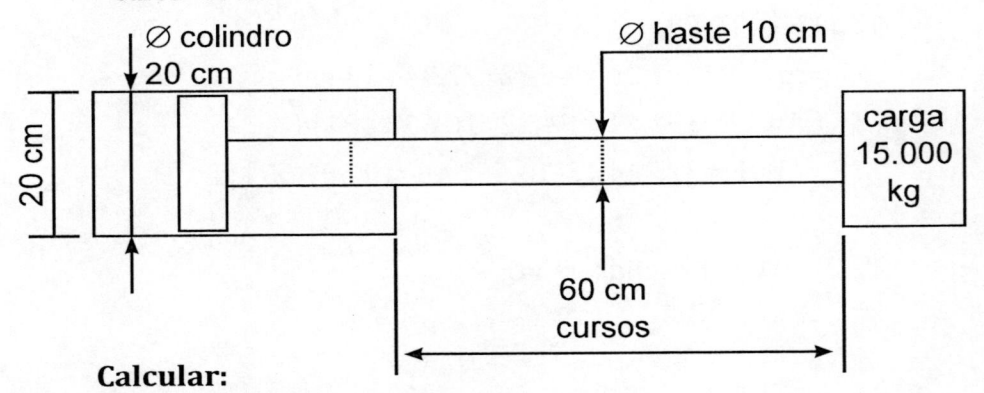

Calcular:

1.1 - Área da coroa (cm^2)

1.2 - Relação de áreas (Ap/AC)

1.3 - Pressão do sistema (bar)

1.4 - Força de retorno para a pressão do sistema

1.5 - Tempo de avanço e retorno (seg.)

1.6 - Velocidade de retorno (m/s)

1.7 - Volume do cilindro (litros)

1.8 - Vazão da bomba (lpm e gpm)

1.9 - Potência hidráulica (HP e CV)

1.10 - Volume do reservatório (litros e galões)

RESOLUÇÃO:

1.1 - Área da coroa (cm^2)

Ac=235,5cm^2

Ap=314,0cm^2

1.2 - Relação de área

$$R = \frac{Ap}{Ac} = \frac{314,0 \text{cm}^2}{235,5 \text{cm}^2} = 1,33$$

1.3 - Pressão do sistema (bar)

$$P = \frac{Fa}{A} = P = \frac{15.000 \text{ Kgf}}{314 \text{cm}^2} = P = 47,77 \text{ Kgf/cm}^2$$

1.4 - Força de retorno (Kgf)

Fret. = P x Ac

Fert. = 47,77 x 235   Fert. = 11.249,83 Kgf

1.5 - Tempo de avanço e retorno (seg.)

$$Tempo = \frac{Curso}{Veloc.}$$

$$T_{avanço} = \frac{60}{10} = T_{avanço} = 6 \text{ seg.}$$

$$T_{retorno} = 4,5 \text{ seg.}$$

1.6 - Velocidade de avanço e retorno (cm/seg.)

$V_{avanço} = 10,0 \text{cm/seg.}$

$V_{retorno} = 13,33 \text{cm/seg.}$

1.7 - Volume do cilindro (cm³)

Volume = área x curso

Vol. = 314 x 60

Vol. = 18.840 cm³   Vol. = 18,8 litros

1.8 - Vazão da bomba (L.p.m. e G.p.m.)

Vazão = área x velocidade

Q = 314 x 10 = 3.140 cm³/seg.

Q = 188,4 L.P.M.   Q = 49,9 G.P.M.

1.9 - Potência hidráulica (H.P. e C.V.)

Potência=pressão x vazão

$$\text{Pot.} = \frac{47{,}77 \times 188{,}4}{426}$$

Pot. = 21,12 C.V.

$$\text{Pot.} = \frac{679{,}28 \times 49{,}9}{1.714}$$

Pot. = 19,77 H.P.

1.10 - Volume do reservatório (litros e galões)

V=3 a 4 x Q

V=3 x 188,4

V=565,2 litros

14) Dimensionar o sistema hidráulico.

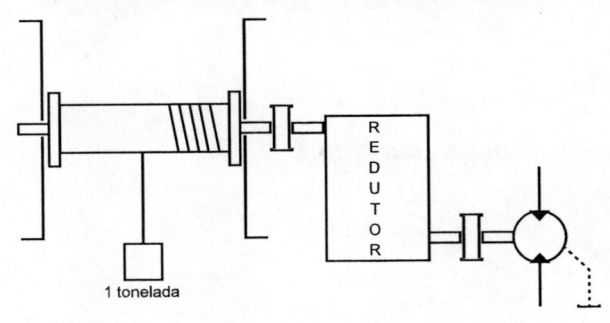

DADOS
Carga=500 Kgf
Redutor=1:4
Veloc. Cabo=100 m/min
ϕ Tambor=100mm
Desloc. Motor=57,7cm^3
Rend. Volum. MH=96%
Rend. Mac. MH=95%
Rend.Mec.Redutor=80%
Torque Nominal=1,09 Kgfm

1 tonelada

Pressão:

D_{tambor}=100mm=D_{tambor}=10cm=Raio$_{tambor}$=5cm

Carga=500 kgf

M_{torsor}=500 x 5=M_{torsor}=2.500 kgf

Redutor=1:4

$$M_{torsos(tambor)} = \frac{2.500}{4 \times n} = M_{torsor(tambor)} = 625 \text{ kgf/cm}$$

$M_{torsor(eixo\ motor\ hid.)}$=625 x 0,8

$M_{torsor(eixo\ motor\ hid.)} = 500$ kgf/cm

$Rendimento_{redutor} = 80\%$

$Rendimento_{(eixo\ motor\ hid.)} = 95\%$

$M_{torsor(eixo\ motor\ hid.)} = 500 \times 0{,}95 = 475$ kgf/cm

$Pressão = \dfrac{M_{torsor(eixo\ motor\ hid.)} \times 2}{57{,}7} = \dfrac{475 \times 2}{57{,}7} = 51{,}72$ kgf/cm

Volume do Motor

Vazão

$Velocidade_{cabo} = 100$ m/min.

$Diâmetro_{tambor} = 100$ mm

Raio = 0,05 m

Perímetro = $2\pi \times r$ = Perímetro = 0,3142 m

$Rpm_{tambor} = \dfrac{Velocidade_{cabo}}{Perímetro} = \dfrac{100\ m./min}{0{,}3142\ m.} = Rpm_{tambor} = 318{,}3$ rpm

$Rpm_{(eixo\ motor\ hid.)} = 318{,}3 \times 4$

$Rpm_{(eixo\ motor\ hid.)} = 1.273{,}2$ rmp

$Q = \dfrac{Volume \times n}{1.000} = \dfrac{57{,}7 \times 1.273{,}2}{1.000} = Q = 73{,}19$ lpm

$Q_{tambor} = \dfrac{Q}{Rend.\ Volumétrico} = \dfrac{73{,}19}{0{,}96}$

$Q_{tambor} = 76{,}23$ lpm

PROBLEMA 1 - RETIFICADORA DE SUPERFÍCIE

Desenvolver um circuito hidráulico para uma retificadora de superfície do uma válvula de piloto para reversão e com controle manual para pré- paradas. A velocidade requerida varia de 300 a 1000 cm/min. Em direções, o curso varia de 15 cm mínimo a 90 cm máximo.

Peso da mesa=500 kgs Coeficiente de atrito=20%

Aceleração até a velocidade máxima é 0.5 segundos.

Utilizar a formula Força (F)=Massa (m) x aceleração (a)

ou $F = \dfrac{P}{G} \cdot \dfrac{v}{t}$ onde: P=peso da mesa

G=a aceleração da gravidade=9.81(mts/seg^2)

v=velocidade e t=tempo de aceleração

Considerar uma força de 40 kgs para o rebolo.

101

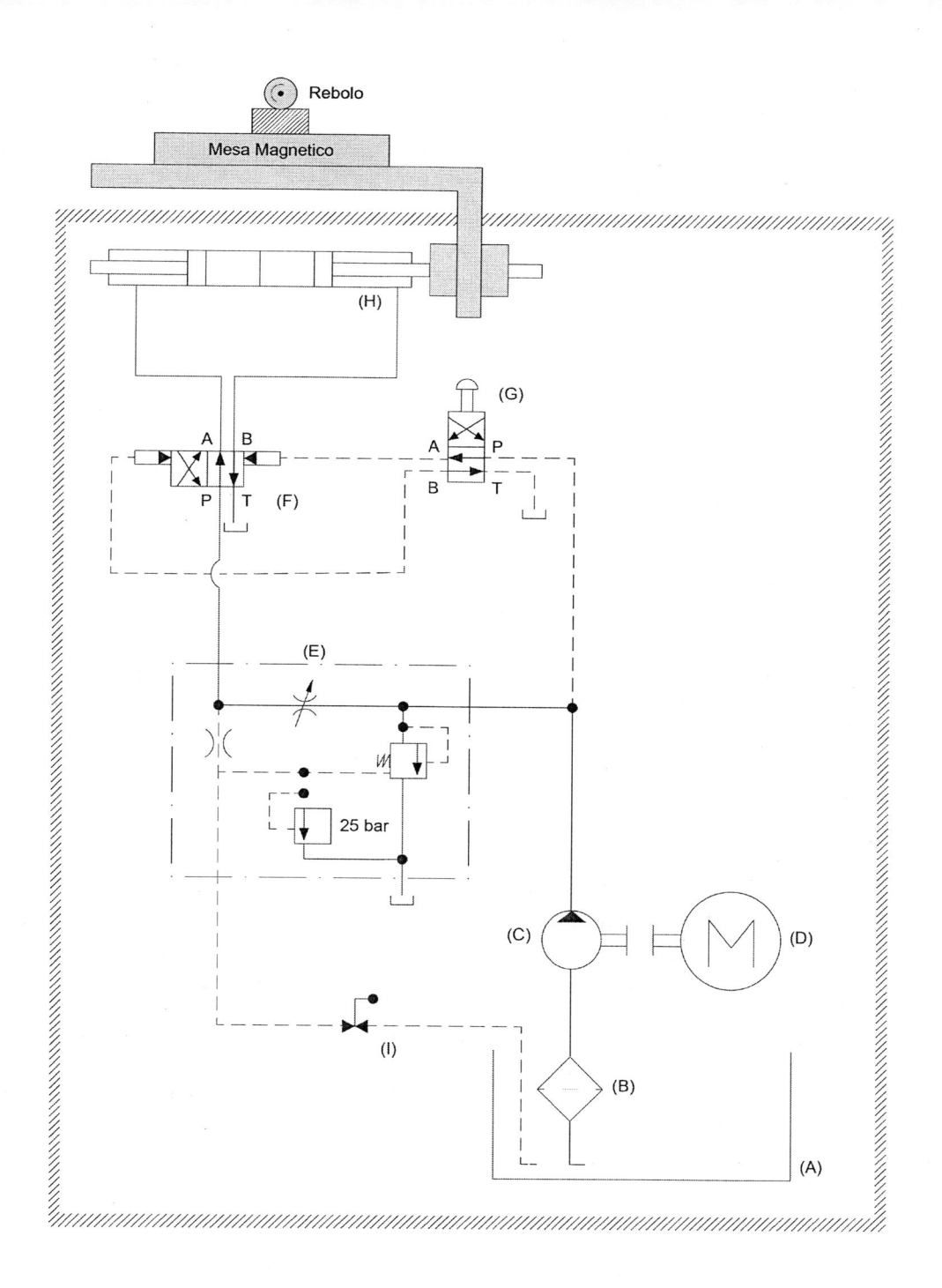

RESOLUÇÃO: RETIFICADORA DE SUPERFÍCIE

Velocidade = 300 a 1.000cm/min
Curso = 15,0cm (mínimo)
90,0cm (máximo)

Peso de mesa = 500 kg
Coeficiente de atrito = 20%
Força do rebolo = 40 kg

Resolução:

$F_1 = 500 \times 0{,}2$

$F_1 = 100$ kg

Força(F) = Massa(m) x aceleração(a)

$F = \dfrac{P}{G} \times \dfrac{U}{T}$ onde P = peso da mesa

$F_2 = \dfrac{500}{9{,}81} \times \dfrac{1.000}{0{,}5}$

$F_2 = 16{,}6 \cong 17$ kg

$F_3 = 40$ kg (rebolo)

$F_{Total} = F_1 + F_2 + F_3$

$F_{Total} = 100 + 17 + 40$

$F_{Total} = 157$ kg

Dimensionamento do cilindro

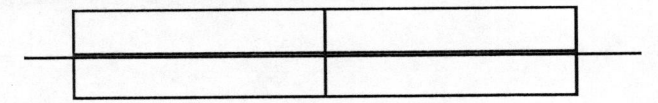

Cilindro = Dp = 2"   Dh = 1" (tabela de cilindros)

$P = \dfrac{F}{A_{coroa}}$ → $P = \dfrac{157{,}0}{15{,}2}$ → $P = 10{,}3$ bar

$P_{total} = P + \Delta p + \Delta ps$

Δp = Queda de pressão na linha e unidade

$P_{total} = 10{,}3 + 10 + 4{,}7$

$P_{total} = 25$ bar

Cálculo da vazão

$Q = A_{coroa} \times \text{Velocidade}$

$Q = 15{,}2 \times 1.000$

$Q = 15.200 \, cm^3/min$

$Q = 15{,}2 \, litros/min$

Cálculo da potência do sistema

$HP = \dfrac{Q \times P}{426}$

$HP = \dfrac{15{,}2 \times 25}{426}$

$HP = 1{,}0$

Cálculo da potência do motor elétrico

$HP = \dfrac{15{,}2 \times 25}{426 \times 0{,}85}$

$HP = 1{,}5$

Cálculo do reservatório

$Vol._{reservatório} = 3 \times Q$

$Vol._{reservatório} = 3 \times 15{,}2$

$Vol._{reservatório} = 45 \, litros/min$

Cálculo da tubulação

$A_{int} = \dfrac{Q \times 0{,}17}{Vel.Linear}$ (cts para transformar $\dfrac{litros/min}{metros/seg.}$)

$A_{int.sucção} = \dfrac{15{,}2 \times 0{,}17}{1{,}2}$

$A_{int.sucção} = 2{,}15 \, cm^2$

Filtro da tubulação

$Filtro = Q \times 1{,}4$ (fator de segurança = 1,4)

$Filtro = 15{,}2 \times 1{,}4$

$Filtro = 21 \, litros/min$

TROCADOR DE CALOR - DIMENSIONAMENTO

1) O sistema apresenta os seguintes dados:

a) Vazão do sistema=60 litros/min.

b) Pressão de trabalho=140 bar

c) Válvula de segurança atua durante ¼ do ciclo

d) Reservatório

e) Perda de carga do sistema=5 bar

1.1 - Cálculo do calor gerado

$q_{sist.} = 1{,}42 \times Q \times \Delta P$

$q_{sist.} = 1{,}42 \times 60 \times 5$

$q_{sist.} = 426 \text{ Kcal/h}$

$q_{sist.} = 1{,}42 \times Q \times \Delta P$

$q_{sist.} = 1{,}42 \times 60 \times 140$

$q_{sist.} = 11.928 \text{ Kcal/h}$

Como a válvula opera ¼ do ciclo o calor efetivamente gerado será:

$qseg. = \dfrac{11.928}{4}$

$qseg. = 2.982 \text{ Kcal/h}$

1.2 - Cálculo da quantidade de calor gerado

Qgeral=qseg.+qsist.

Qgeral=2.982+426

Qgeral=3.408 Kcal/h

1.3 - Calor dissipado no reservatório, para temperatura máxima do óleo é de 55°C e temperatura máxima do ambiente é de 25°C

Capacidade do reservatório=3 a 4 x Q

Logo, reservatório=180 a 240 litros

Usaremos um reservatório pré-fabricado de 150 litros

DT=T0=Tamb.=55-25=DT=30°

Pela tabela q=2,25 HP

q=642 x Nd=q=642 x 2,25

q=1.444 Kcal/h

1.4 - Calor a ser dissipado

$q = q_{geral} - q_{reser.}$

$q = 3.408 - 1.444$

$q = 1.964$ Kcal/h

1.5 - Cálculo de Δ_{tm1}

Supondo:
$t_{ent.H20} = 25°C$
$t_{saída.H20} = 30°C$
$t_{ent.óleo} = 55°C$
$t_{ent.óleo} = 40°C$

$$\Delta_{tm1} = \frac{(55-30) - (40-25)}{\ln \frac{55-30}{40-25}}$$

$\Delta_{tm1} = 19,58 \, °C$

1.6 - Cálculo da superfície de troca

$$\text{Área} = \frac{q}{U \cdot \times \Delta_{tm1}}$$

$$\text{Área} = \frac{1.963}{400 \times 19,58}$$

Área = 0,25 m²

1.7 - Cálculo da vazão de água

$$Q_A = \frac{Q_{óleo} \times Cp_{óleo} \times \Delta t_{óleo}}{Cp_{água} \times \Delta t_{água}}$$

$$Q_A = \frac{60 \times 0,5 \times 15}{1,0 \times 5}$$

1.8 - Escolha do trocador de calor

Superfície de troca = 0,25 m²

Vazão do óleo = 60 litros/min. = 3.600 litros/hora

Vazão do água = 90 litros/min. = 5.400 litros/hora

Obs.: Consulte o manual de trocadores de calor do fabricante.

PROJETOS PROPOSTOS

1) **Projetar um circuito hidráulico para mover a mesa de uma retificadora plana, a saber:**

    Dados:

    a) Velocidade de ida e volta idêntica

    b) Força necessária para mover a mesa= 800 Kgf

    c) Comando elétrico

    d) Pressão trabalho= 40 BAR

    e) Reversões automáticas

    f) Velocidade variável 50 à 150 mm/s

    g) Curso máximo 800mm

2) **Projetar um circuito hidráulico para prensa de sucata horizontal:**

    Dados:

    a) Força de 40 ton.

    b) Pressão máxima de 140 BAR.

    c) Avanço rápido (até 20t força) = 78 mm/s

    d) Avanço lento (até 40t força)= 13 mm/s

    e) Velocidade de retorno: máxima

    f) Curso máximo = 1.500 mm

3) **Projetar um circuito hidráulico para "Dispositivo de montagem de buchas".**

    Dados:

    a) Força (cil. principal) = 6 ton.

    b) Curso= 300mm

    c) Força (cil. auxiliar)= 3 ton.

    d) Curso= 200 mm

    e) Pressão máxima= 70 bar

    f) Velocidade máxima= 100 mm/s

g) Operação: avança cil. auxiliar=mov. 1 Curso 200mm
avança cil. principal=mov. 2 Curso 300mm
retoma cil. principal=mov. 3
retoma cil. auxiliar=mov. 4

h) Tempo máximo para o ciclo 13 segundos

f) Comando Automático

4) Projetar um circuito hidráulico para uma correia transportadora, com as seguintes características:

- Velocidade da correia - variável 10 m/min. mínimo e 40 m/min máximo.
- Carga na correia - 2 tons.
- Diâmetro polia motora - 0,4 m
- Acionamento indireto (redutor) I=20:1 Nmec=95%

5) Projetar um circuito hidráulico para uma furadeira múltipla com as seguintes características:

- Posição de trabalho vertical (movimento a mesa)
- Força máxima - 2500 kgf
- Pressão máxima - 100 bar
- Peso da mesa 200 Kg.
- Velocidade rápida de aprox. 80 mm/seg. (Curso 210 mm)
- Velocidade de furação - controlada. (Curso 130 mm)
- Ciclo automático, comando elétrico.

6) Projetar um circuito hidráulico para um guindaste com as seguintes características:

- Força máx. de levantamento: 10 toneladas
- Diâmetro do tambor do cabo: 350 mm

- Velocidade de levantamento: 20 m/min.
- Com redutor de velocidade

7) Projetar um circuito hidráulico para uma madrilhadora vertical com as seguintes características:

- Força trabalho= 1500 Kgf
- Velocidade de aproximação= 160mm/s (curso 200mm)
- Velocidade de operação (lenta) =de 16 à 64 mm/s (curso 150mm)
- Velocidade de operação (lenta) =de 05 à 10 mm/s (curso 50mm)
- Pressão máx. de trabalho = 80 bar
- Ciclo automático
- Peso do dispositivo= 30 Kgf
- Fazer partidas e paradas com a aceleração e desaceleração controlada

8) Projetar um circuito hidráulico para fazer girar um ventilador com os seguintes dados:

- Rotação: 1.800 rpm
- Potência: 15 HP
- Comando manual
- Pressão máx.: 70 bar

REFERÊNCIAS BIBLIOGRÁFICAS

Addison H. *The Pump Users Handbook*. London: Ed. Issac Pitman & Sons Ltda, 1964

Azevedo Netto, J. M. *Manual de hidráulica*. 8. ed., atual. São Paulo: Edgard Blücher, 2007.

Baptista, M. B.; Coelho, M. M. L. P.; Cirilo, J. A. *Hidráulica aplicada*. ABRH, 2003.

Black, P. O. *Bombas*. Rio de Janeiro: Ao Livro Técnico, 1979.

Catálogos de Válvulas Proporcionais - Vickers do Brasil S.A., SP, 1980.

Catálogos diversos da Vickers do Brasil S.A., 1977.

Cattani, M. *Elementos de mecânica dos fluidos*. SP: Edgard Blucher, 2010.

Chow, V. T. *Open Channel Hydraulics*. New York: McGraw-Hill, 1959.

Drapinski, J. *Manutenção mecânica básica*. New York: McGraw-Hill, 1973.

Drapinski, J. *Hidráulica e pneumática industrial e móvel*. New York: McGraw-Hill, 1975.

Fox, R. W., McDonald. A. T. e Pritchard, P. J. *Introdução de Mecânica dos fluídos*. RJ: LTC, 5 ed., 2012.

Garcez, L. N. *Elementos de mecânica dos fluidos*. SP: Edgard Blucher, 2ª Edição, 1977.

Hidráulica básica Sperry Vickers. SP: Sperry Rand. Comp. 1967 Mich. USA.

Hidráulica mobil Sperry Vickers. Brasil. 1967 – Ed. Sperry Rand. Comp. 1967 Mich. USA.

Hwang, N. H. C. *Fundamentos de Sistemas de Engenharia Hidráulica*. RJ: Prentice-Hall do Brasil, 1984.

Manual de hidráulica básica. Rexroth S. A. do Brasil. 1986.

Manual de hidráulica básica - Racine Hidráulica Ltda. SP: Edgard Blucher, 1973.

Manutenção hydraulic Sperry Vickers - Ed. Sperry Rand. Comp. 1967 Mich. USA.

Neves, E. T. *Curso de hidráulica.* Porto Alegre: Globo, 4ª edição, 1974.

Pimenta, C. F. *Curso de hidráulica geral.* São Paulo: Centro Tecnológico de Hidráulica, 3ª ed., 1977.

Porto, R. M. *Hidráulica básica.* 2. ed. São Carlos: EESC-USP, 2001.

Projetos de circuitos hidráulicos. Caterpillar - informativo técnico. SP, 1986.

Quintela, A. C. *Hidráulica.* Fundação Calouste Gulbenkian, 6 ed., 1998.

Silvestre, P. *Hidráulica geral.* RJ: LTC, 1973.

Simbologia hidráulica industrial – Ordem de Serviço Sperry Vickers do Brasil, 1987.

Sistemas hidráulicos – Revista Lubrificação Texaco do Brasil S.A., SP, 1973.

Sperry Rand Corp Hydraulic Handbook. Ed. Sperry Rand. Comp. 1962 Mich. USA.

Stewart, H., L. e Stores, J., M. *Fluid power.* Howward V. Sams Co. Ind. Indind., USA, 1968.